ⓦ 완자

공부력

KB118895

ⓠ 왜 공부력을 키워야 할까요?

쓰기력

정확한 의사소통의 기본기이며 논리의 바탕

연필을 잡고 종이에 쓰는 것을 괴로워한다!
맞춤법을 몰라 정확한 쓰기를 못한다!
말은 잘하지만 조리 있게 쓰는 것이 어렵다!
그래서 글쓰기의 기본 규칙을 정확히 알고
써야 공부 능력이 향상됩니다.

어휘력

교과 내용 이해와 독해력의 기본 바탕

어휘를 몰라서 수학 문제를 못 푼다!
어휘를 몰라서 사회, 과학 내용 이해가 안 된다!
어휘를 몰라서 수업 내용을 따라가기 어렵다!
그래서 교과 내용 이해의 기본 바탕을
다지기 위해 어휘 학습을 해야 합니다.

독해력

모든 교과 실력 향상의 기본 바탕

글을 읽었지만 무슨 내용인지 모른다!
글을 읽고 이해하는 데 시간이 오래 걸린다!
읽어서 이해하는 공부 방식을 거부하려고 한다!
그래서 통합적 사고력의 바탕인 독해 공부로
교과 실력 향상의 기본기를 닦아야 합니다.

계산력

초등 수학의 핵심이자 기본 바탕

계산 과정의 실수가 잦다!
계산을 하긴 하는데 시간이 오래 걸린다!
계산은 하는데 계산 개념을 정확히 모른다!
그래서 계산 개념을 익히고 속도와 정확성을
높이기 위한 훈련을 통해 계산력을 키워야 합니다.

세상이 변해도
배움의 즐거움은
변함없도록

시대는 빠르게 변해도
배움의 즐거움은
변함없어야 하기에

어제의 비상은
남다른 교재부터
결이 다른 콘텐츠
전에 없던 교육 플랫폼까지

변함없는 혁신으로
교육 문화 환경의 새로운 전형을
실현해왔습니다.

비상은 오늘, 다시 한번
새로운 교육 문화 환경을 실현하기 위한
또 하나의 혁신을 시작합니다.

오늘의 내가 어제의 나를 초월하고
오늘의 교육이 어제의 교육을 초월하여
배움의 즐거움을 지속하는 혁신,

바로, 메타인지 기반 완전 학습을.

상상을 실현하는 교육 문화 기업 비상

메타인지 기반 완전 학습
초월을 뜻하는 meta와 생각을 뜻하는 인지가 결합한 메타인지는
자신이 알고 모르는 것을 스스로 구분하고 학습계획을 세우도록 하는
궁극의 학습 능력입니다. 비상의 메타인지 기반 완전 학습 시스템은
잠들어 있는 메타인지를 깨워 공부를 100% 내 것으로 만들도록 합니다.

완자

공부력

초등 수학

계산 4B

초등 수학 계산
단계별 구성

1A	1B	2A	2B	3A	3B
9까지의 수	100까지의 수	세 자리 수	네 자리 수	세 자리 수의 덧셈	곱하는 수가 한·두 자리 수인 곱셈
9까지의 수 모으기, 가르기	받아올림이 없는 두 자리 수의 덧셈	받아올림이 있는 두 자리 수의 덧셈	곱셈구구	세 자리 수의 뺄셈	나누는 수가 한 자리 수인 나눗셈
한 자리 수의 덧셈	받아내림이 없는 두 자리 수의 뺄셈	받아내림이 있는 두 자리 수의 뺄셈	길이(m, cm)의 합과 차	나눗셈의 의미	분수로 나타내기, 분수의 종류
한 자리 수의 뺄셈	100이 되는 더하기, 10에서 빼기	세 수의 덧셈과 뺄셈	시각과 시간	곱하는 수가 한 자리 수인 곱셈	들이·무게의 합과 차
50까지의 수	받아올림이 있는 (몇)+(몇), 받아내림이 있는 (십몇)-(몇)	곱셈의 의미		길이(cm와 mm, km와 m)· 시간의 합과 차	
				분수와 소수의 의미	

초등 수학의 핵심! **수, 연산, 측정, 규칙성** 영역에서
핵심 개념을 쉽게 이해하고, 다양한 계산 문제로 계산력을 키워요!

4A	4B	5A	5B	6A	6B
큰 수	분모가 같은 분수의 덧셈	자연수의 혼합 계산	수 어림하기	나누는 수가 자연수인 분수의 나눗셈	나누는 수가 분수인 분수의 나눗셈
각도의 합과 차, 삼각형·사각형의 각도의 합	분모가 같은 분수의 뺄셈	약수와 배수	분수의 곱셈	나누는 수가 자연수인 소수의 나눗셈	나누는 수가 소수인 소수의 나눗셈
세 자리 수와 두 자리 수의 곱셈	소수 사이의 관계	약분과 통분	소수의 곱셈	비와 비율	비례식과 비례배분
나누는 수가 두 자리 수인 나눗셈	소수의 덧셈	분모가 다른 분수의 덧셈	평균	직육면체의 부피	원주, 원의 넓이
	소수의 뺄셈	분모가 다른 분수의 뺄셈		직육면체의 겉넓이	
		다각형의 둘레와 넓이			

특징과 활용법

하루 4쪽 공부하기

※ 차시별 공부

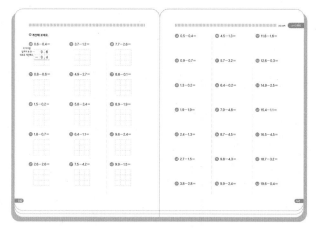

※ 차시 섞어서 공부

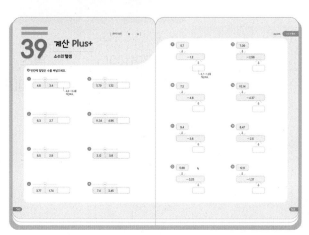

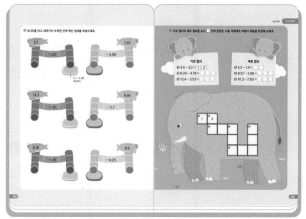

※ 하루 4쪽씩 공부하고, 채점한 후, 틀린 문제를 다시 풀어요!

✅ 책으로 하루 4쪽 공부하며, 초등 계산력을 키워요!
✅ 모바일로 공부한 내용을 복습하고 몬스터를 잡아요!

공부한 내용 확인하기

✳ 단원별 계산 평가

✳ 단계별 계산 총정리 평가

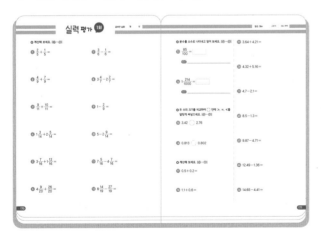

✳ 평가를 통해 공부한 내용을 확인해요!

모바일로 복습하기

앱 다운받기

책 인증하기

✳ 그날 배운 내용을 바로바로,
또는 주말에 모아서 복습하고,
다이아몬드 획득까지! 💎
공부가 저절로 즐거워져요!

차례

일차	교과 내용	쪽수	공부 확인

1 분수의 덧셈

일차	교과 내용	쪽수	공부 확인
01	합이 1보다 작고 분모가 같은 (진분수)+(진분수)	10	○
02	합이 1보다 크고 분모가 같은 (진분수)+(진분수)	14	○
03	계산 Plus+	18	○
04	진분수 부분의 합이 1보다 작고 분모가 같은 (대분수)+(대분수)	22	○
05	진분수 부분의 합이 1보다 크고 분모가 같은 (대분수)+(대분수)	26	○
06	분모가 같은 (대분수)+(가분수)	30	○
07	계산 Plus+	34	○
08	분수의 덧셈 평가	38	○

2 분수의 뺄셈

일차	교과 내용	쪽수	공부 확인
09	분모가 같은 (진분수)-(진분수)	42	○
10	진분수 부분끼리 뺄 수 있고 분모가 같은 (대분수)-(대분수)	46	○
11	계산 Plus+	50	○
12	1-(진분수)	54	○
13	(자연수)-(진분수)	58	○
14	(자연수)-(대분수)	62	○
15	계산 Plus+	66	○
16	진분수 부분끼리 뺄 수 없고 분모가 같은 (대분수)-(대분수)	70	○
17	분모가 같은 (대분수)-(가분수)	74	○
18	어떤 수 구하기	78	○
19	계산 Plus+	82	○
20	분수의 뺄셈 평가	86	○

일차	교과 내용	쪽수	공부 확인
3 소수			
21	소수 두 자리 수, 소수 세 자리 수	90	◯
22	소수 사이의 관계	94	◯
23	소수의 크기 비교	98	◯
24	계산 Plus+	102	◯
25	**소수 평가**	106	◯
4 소수의 덧셈			
26	받아올림이 없는 소수 한 자리 수의 덧셈	110	◯
27	받아올림이 있는 소수 한 자리 수의 덧셈	114	◯
28	받아올림이 없는 소수 두 자리 수의 덧셈	118	◯
29	받아올림이 있는 소수 두 자리 수의 덧셈	122	◯
30	자릿수가 다른 소수의 덧셈	126	◯
31	계산 Plus+	130	◯
32	**소수의 덧셈 평가**	134	◯
5 소수의 뺄셈			
33	받아내림이 없는 소수 한 자리 수의 뺄셈	138	◯
34	받아내림이 있는 소수 한 자리 수의 뺄셈	142	◯
35	받아내림이 없는 소수 두 자리 수의 뺄셈	146	◯
36	받아내림이 있는 소수 두 자리 수의 뺄셈	150	◯
37	자릿수가 다른 소수의 뺄셈	154	◯
38	어떤 수 구하기	158	◯
39	계산 Plus+	162	◯
40	**소수의 뺄셈 평가**	166	◯
	실력 평가 1회, 2회, 3회	170	◯

1

분모가 **같은** 분수의 덧셈 훈련이 중요한

분수의 덧셈

1 합이 1보다 작고 분모가 같은 (진분수)+(진분수)

2 합이 1보다 크고 분모가 같은 (진분수)+(진분수)

3 계산 Plus+

4 진분수 부분의 합이 1보다 작고 분모가 같은 (대분수)+(대분수)

5 진분수 부분의 합이 1보다 크고 분모가 같은 (대분수)+(대분수)

6 분모가 같은 (대분수)+(가분수)

7 계산 Plus+

8 분수의 덧셈 평가

합이 1보다 작고
분모가 같은 (진분수) + (진분수)

○ $\dfrac{1}{5} + \dfrac{2}{5}$의 계산

분모는 그대로 두고 분자끼리 더합니다.

분자끼리 더하기

$$\dfrac{1}{5} + \dfrac{2}{5} = \dfrac{1+2}{5} = \dfrac{3}{5}$$

분모는 그대로

○ 계산해 보세요.

① $\dfrac{1}{3} + \dfrac{1}{3} =$

⑤ $\dfrac{1}{7} + \dfrac{4}{7} =$

⑨ $\dfrac{1}{9} + \dfrac{2}{9} =$

② $\dfrac{1}{4} + \dfrac{2}{4} =$

⑥ $\dfrac{3}{7} + \dfrac{3}{7} =$

⑩ $\dfrac{4}{9} + \dfrac{3}{9} =$

③ $\dfrac{3}{5} + \dfrac{1}{5} =$

⑦ $\dfrac{2}{8} + \dfrac{5}{8} =$

⑪ $\dfrac{1}{10} + \dfrac{8}{10} =$

④ $\dfrac{2}{6} + \dfrac{3}{6} =$

⑧ $\dfrac{4}{8} + \dfrac{1}{8} =$

⑫ $\dfrac{2}{10} + \dfrac{3}{10} =$

⑬ $\dfrac{2}{11} + \dfrac{8}{11} =$

⑭ $\dfrac{4}{11} + \dfrac{5}{11} =$

⑮ $\dfrac{5}{12} + \dfrac{3}{12} =$

⑯ $\dfrac{3}{13} + \dfrac{5}{13} =$

⑰ $\dfrac{10}{13} + \dfrac{1}{13} =$

⑱ $\dfrac{3}{14} + \dfrac{7}{14} =$

⑲ $\dfrac{8}{15} + \dfrac{5}{15} =$

⑳ $\dfrac{2}{17} + \dfrac{11}{17} =$

㉑ $\dfrac{6}{17} + \dfrac{6}{17} =$

㉒ $\dfrac{5}{18} + \dfrac{3}{18} =$

㉓ $\dfrac{2}{19} + \dfrac{3}{19} =$

㉔ $\dfrac{7}{19} + \dfrac{8}{19} =$

㉕ $\dfrac{7}{20} + \dfrac{3}{20} =$

㉖ $\dfrac{11}{21} + \dfrac{7}{21} =$

㉗ $\dfrac{3}{22} + \dfrac{9}{22} =$

㉘ $\dfrac{1}{23} + \dfrac{10}{23} =$

㉙ $\dfrac{9}{25} + \dfrac{8}{25} =$

㉚ $\dfrac{3}{26} + \dfrac{5}{26} =$

㉛ $\dfrac{15}{27} + \dfrac{2}{27} =$

㉜ $\dfrac{6}{29} + \dfrac{6}{29} =$

㉝ $\dfrac{4}{30} + \dfrac{7}{30} =$

○ 계산해 보세요.

㉞ $\frac{2}{5}+\frac{2}{5}=$

㉟ $\frac{1}{6}+\frac{2}{6}=$

㊱ $\frac{2}{7}+\frac{2}{7}=$

㊲ $\frac{5}{7}+\frac{1}{7}=$

㊳ $\frac{1}{8}+\frac{3}{8}=$

㊴ $\frac{3}{8}+\frac{4}{8}=$

㊵ $\frac{1}{9}+\frac{7}{9}=$

㊶ $\frac{3}{9}+\frac{2}{9}=$

㊷ $\frac{2}{10}+\frac{6}{10}=$

㊸ $\frac{3}{10}+\frac{3}{10}=$

㊹ $\frac{3}{11}+\frac{6}{11}=$

㊺ $\frac{1}{12}+\frac{7}{12}=$

㊻ $\frac{5}{12}+\frac{5}{12}=$

㊼ $\frac{7}{13}+\frac{3}{13}=$

㊽ $\frac{1}{14}+\frac{5}{14}=$

㊾ $\frac{5}{15}+\frac{9}{15}=$

㊿ $\frac{4}{16}+\frac{3}{16}=$

(51) $\frac{8}{17}+\frac{4}{17}=$

(52) $\frac{2}{18}+\frac{7}{18}=$

(53) $\frac{7}{19}+\frac{7}{19}=$

(54) $\frac{4}{20}+\frac{9}{20}=$

55 $\dfrac{2}{21} + \dfrac{15}{21} =$

56 $\dfrac{9}{22} + \dfrac{3}{22} =$

57 $\dfrac{4}{23} + \dfrac{2}{23} =$

58 $\dfrac{1}{25} + \dfrac{11}{25} =$

59 $\dfrac{8}{27} + \dfrac{8}{27} =$

60 $\dfrac{13}{28} + \dfrac{7}{28} =$

61 $\dfrac{8}{29} + \dfrac{4}{29} =$

62 $\dfrac{6}{31} + \dfrac{6}{31} =$

63 $\dfrac{2}{33} + \dfrac{8}{33} =$

64 $\dfrac{5}{34} + \dfrac{4}{34} =$

65 $\dfrac{14}{35} + \dfrac{9}{35} =$

66 $\dfrac{7}{36} + \dfrac{7}{36} =$

67 $\dfrac{9}{38} + \dfrac{5}{38} =$

68 $\dfrac{3}{40} + \dfrac{25}{40} =$

69 $\dfrac{1}{42} + \dfrac{19}{42} =$

70 $\dfrac{8}{43} + \dfrac{8}{43} =$

71 $\dfrac{15}{44} + \dfrac{13}{44} =$

72 $\dfrac{6}{45} + \dfrac{8}{45} =$

73 $\dfrac{25}{47} + \dfrac{1}{47} =$

74 $\dfrac{9}{48} + \dfrac{7}{48} =$

75 $\dfrac{13}{49} + \dfrac{31}{49} =$

02 합이 1보다 크고
분모가 같은 (진분수) + (진분수)

○ $\dfrac{2}{4} + \dfrac{3}{4}$의 계산

분자끼리 더하기

$$\dfrac{2}{4} + \dfrac{3}{4} = \dfrac{2+3}{4} = \dfrac{5}{4} = 1\dfrac{1}{4}$$

분모는 그대로   가분수 → 대분수

○ 계산해 보세요.

① $\dfrac{2}{3} + \dfrac{2}{3} =$

⑤ $\dfrac{5}{7} + \dfrac{4}{7} =$

⑨ $\dfrac{4}{10} + \dfrac{8}{10} =$

② $\dfrac{3}{4} + \dfrac{3}{4} =$

⑥ $\dfrac{3}{8} + \dfrac{7}{8} =$

⑩ $\dfrac{7}{10} + \dfrac{7}{10} =$

③ $\dfrac{4}{5} + \dfrac{3}{5} =$

⑦ $\dfrac{5}{9} + \dfrac{6}{9} =$

⑪ $\dfrac{5}{11} + \dfrac{9}{11} =$

④ $\dfrac{2}{6} + \dfrac{5}{6} =$

⑧ $\dfrac{8}{9} + \dfrac{7}{9} =$

⑫ $\dfrac{10}{11} + \dfrac{6}{11} =$

⑬ $\dfrac{3}{12} + \dfrac{10}{12} =$

⑭ $\dfrac{5}{13} + \dfrac{11}{13} =$

⑮ $\dfrac{9}{13} + \dfrac{4}{13} =$

⑯ $\dfrac{6}{14} + \dfrac{11}{14} =$

⑰ $\dfrac{9}{15} + \dfrac{8}{15} =$

⑱ $\dfrac{9}{16} + \dfrac{13}{16} =$

⑲ $\dfrac{8}{17} + \dfrac{10}{17} =$

⑳ $\dfrac{11}{17} + \dfrac{11}{17} =$

㉑ $\dfrac{8}{19} + \dfrac{14}{19} =$

㉒ $\dfrac{13}{20} + \dfrac{9}{20} =$

㉓ $\dfrac{15}{21} + \dfrac{14}{21} =$

㉔ $\dfrac{17}{21} + \dfrac{4}{21} =$

㉕ $\dfrac{7}{22} + \dfrac{17}{22} =$

㉖ $\dfrac{10}{23} + \dfrac{14}{23} =$

㉗ $\dfrac{19}{24} + \dfrac{11}{24} =$

㉘ $\dfrac{8}{25} + \dfrac{18}{25} =$

㉙ $\dfrac{15}{26} + \dfrac{20}{26} =$

㉚ $\dfrac{17}{27} + \dfrac{17}{27} =$

㉛ $\dfrac{21}{28} + \dfrac{7}{28} =$

㉜ $\dfrac{9}{29} + \dfrac{24}{29} =$

㉝ $\dfrac{25}{29} + \dfrac{26}{29} =$

34. $\dfrac{2}{5} + \dfrac{4}{5} =$

35. $\dfrac{4}{6} + \dfrac{3}{6} =$

36. $\dfrac{3}{7} + \dfrac{4}{7} =$

37. $\dfrac{6}{7} + \dfrac{6}{7} =$

38. $\dfrac{4}{8} + \dfrac{5}{8} =$

39. $\dfrac{7}{8} + \dfrac{6}{8} =$

40. $\dfrac{5}{9} + \dfrac{8}{9} =$

41. $\dfrac{5}{10} + \dfrac{7}{10} =$

42. $\dfrac{8}{11} + \dfrac{9}{11} =$

43. $\dfrac{7}{12} + \dfrac{9}{12} =$

44. $\dfrac{9}{12} + \dfrac{4}{12} =$

45. $\dfrac{12}{13} + \dfrac{3}{13} =$

46. $\dfrac{5}{14} + \dfrac{10}{14} =$

47. $\dfrac{7}{15} + \dfrac{8}{15} =$

48. $\dfrac{11}{15} + \dfrac{7}{15} =$

49. $\dfrac{8}{16} + \dfrac{13}{16} =$

50. $\dfrac{4}{17} + \dfrac{16}{17} =$

51. $\dfrac{10}{17} + \dfrac{11}{17} =$

52. $\dfrac{17}{18} + \dfrac{8}{18} =$

53. $\dfrac{9}{19} + \dfrac{15}{19} =$

54. $\dfrac{16}{19} + \dfrac{16}{19} =$

55 $\dfrac{7}{20}+\dfrac{19}{20}=$

62 $\dfrac{14}{29}+\dfrac{19}{29}=$

69 $\dfrac{25}{39}+\dfrac{20}{39}=$

56 $\dfrac{13}{22}+\dfrac{15}{22}=$

63 $\dfrac{12}{30}+\dfrac{21}{30}=$

70 $\dfrac{31}{40}+\dfrac{15}{40}=$

57 $\dfrac{9}{23}+\dfrac{21}{23}=$

64 $\dfrac{4}{33}+\dfrac{29}{33}=$

71 $\dfrac{19}{42}+\dfrac{27}{42}=$

58 $\dfrac{10}{25}+\dfrac{16}{25}=$

65 $\dfrac{18}{33}+\dfrac{19}{33}=$

72 $\dfrac{33}{45}+\dfrac{22}{45}=$

59 $\dfrac{21}{26}+\dfrac{8}{26}=$

66 $\dfrac{21}{35}+\dfrac{21}{35}=$

73 $\dfrac{28}{46}+\dfrac{19}{46}=$

60 $\dfrac{17}{27}+\dfrac{16}{27}=$

67 $\dfrac{19}{36}+\dfrac{23}{36}=$

74 $\dfrac{28}{49}+\dfrac{32}{49}=$

61 $\dfrac{2}{28}+\dfrac{26}{28}=$

68 $\dfrac{8}{37}+\dfrac{33}{37}=$

75 $\dfrac{30}{50}+\dfrac{41}{50}=$

계산 Plus+

분모가 같은 (진분수) + (진분수)

○ 빈칸에 알맞은 수를 써넣으세요.

1

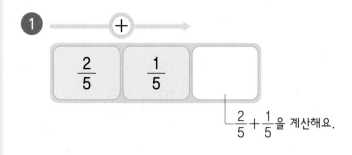

$\dfrac{2}{5} + \dfrac{1}{5}$ 을 계산해요.

2

$\dfrac{1}{8}$ ⊕ $\dfrac{5}{8}$ = ☐

3

$\dfrac{4}{11}$ ⊕ $\dfrac{6}{11}$ = ☐

4

$\dfrac{9}{16}$ ⊕ $\dfrac{5}{16}$ = ☐

5

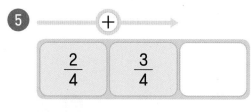

$\dfrac{2}{4}$ ⊕ $\dfrac{3}{4}$ = ☐

6

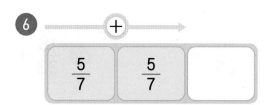

$\dfrac{5}{7}$ ⊕ $\dfrac{5}{7}$ = ☐

7

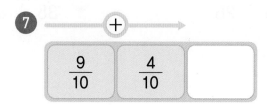

$\dfrac{9}{10}$ ⊕ $\dfrac{4}{10}$ = ☐

8

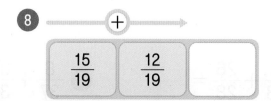

$\dfrac{15}{19}$ ⊕ $\dfrac{12}{19}$ = ☐

9

$$\frac{4}{7}$$

$$+\frac{2}{7}$$

$\boxed{}$

$\dfrac{4}{7}+\dfrac{2}{7}$ 를 계산해요.

12

$$\frac{3}{5}$$

$$+\frac{4}{5}$$

$\boxed{}$

10

$$\frac{3}{9}$$

$$+\frac{4}{9}$$

$\boxed{}$

13

$$\frac{7}{8}$$

$$+\frac{3}{8}$$

$\boxed{}$

11

$$\frac{4}{15}$$

$$+\frac{9}{15}$$

$\boxed{}$

14

$$\frac{7}{15}$$

$$+\frac{13}{15}$$

$\boxed{}$

○ 분수의 덧셈을 하여 관계있는 것끼리 선으로 이어 보세요.

$\dfrac{2}{11}+\dfrac{5}{11}$

$\dfrac{9}{11}+\dfrac{4}{11}$

$\dfrac{4}{11}+\dfrac{1}{11}$

$\dfrac{5}{11}+\dfrac{6}{11}$

$\dfrac{6}{11}+\dfrac{9}{11}$

$\dfrac{5}{11}$

$\dfrac{7}{11}$

1

$1\dfrac{2}{11}$

$1\dfrac{4}{11}$

◎ 은채는 계산 결과가 바르게 적힌 돌을 밟아 강을 건너 가족에게 가려고 합니다.
　은채가 밟아야 하는 돌에 모두 ◯표 하세요.

$$\frac{2}{9} + \frac{5}{9} = \frac{8}{9}$$

$$\frac{4}{7} + \frac{6}{7} = 1\frac{3}{7}$$

$$\frac{10}{13} + \frac{5}{13} = 1\frac{3}{13}$$

$$\frac{1}{6} + \frac{4}{6} = \frac{5}{6}$$

$$\frac{8}{10} + \frac{3}{10} = 1\frac{1}{10}$$

$$\frac{9}{14} + \frac{3}{14} = \frac{12}{14}$$

$$\frac{8}{17} + \frac{9}{17} = 1\frac{1}{17}$$

진분수 부분의 합이 1보다 작고 분모가 같은 (대분수)+(대분수)

● $1\frac{2}{4}+2\frac{1}{4}$의 계산

방법 ① 자연수는 자연수끼리, 진분수는 진분수끼리 더하기

$$1\frac{2}{4}+2\frac{1}{4}=(1+2)+\left(\frac{2}{4}+\frac{1}{4}\right)=3+\frac{3}{4}=3\frac{3}{4}$$

방법 ② 대분수를 가분수로 바꾸어 더하기

$$1\frac{2}{4}+2\frac{1}{4}=\frac{6}{4}+\frac{9}{4}=\underline{\frac{15}{4}}=3\underline{\frac{3}{4}}$$

가분수 → 대분수

○ 계산해 보세요.

① $1\frac{1}{3}+2\frac{1}{3}=$

② $1\frac{1}{4}+1\frac{1}{4}=$

③ $1\frac{1}{5}+1\frac{3}{5}=$

④ $1\frac{2}{6}+1\frac{1}{6}=$

⑤ $2\frac{2}{6}+1\frac{3}{6}=$

⑥ $2\frac{3}{7}+2\frac{1}{7}=$

⑦ $1\frac{2}{8}+1\frac{2}{8}=$

⑧ $2\frac{1}{8}+1\frac{4}{8}=$

⑨ $1\frac{2}{9}+4\frac{3}{9}=$

⑩ $1\frac{5}{9}+1\frac{2}{9}=$

⑪ $1\frac{4}{10}+1\frac{5}{10}=$

⑫ $2\frac{6}{11}+2\frac{3}{11}=$

⑬ $3\dfrac{1}{11}+1\dfrac{4}{11}=$

⑭ $1\dfrac{3}{12}+1\dfrac{5}{12}=$

⑮ $5\dfrac{7}{12}+3\dfrac{3}{12}=$

⑯ $1\dfrac{8}{14}+2\dfrac{3}{14}=$

⑰ $3\dfrac{6}{15}+1\dfrac{7}{15}=$

⑱ $2\dfrac{5}{16}+2\dfrac{5}{16}=$

⑲ $2\dfrac{8}{17}+1\dfrac{7}{17}=$

⑳ $1\dfrac{9}{18}+1\dfrac{2}{18}=$

㉑ $4\dfrac{7}{19}+1\dfrac{10}{19}=$

㉒ $1\dfrac{3}{20}+1\dfrac{14}{20}=$

㉓ $1\dfrac{10}{21}+7\dfrac{7}{21}=$

㉔ $4\dfrac{5}{22}+3\dfrac{4}{22}=$

㉕ $2\dfrac{6}{23}+1\dfrac{6}{23}=$

㉖ $5\dfrac{1}{24}+1\dfrac{3}{24}=$

㉗ $1\dfrac{8}{25}+1\dfrac{13}{25}=$

㉘ $4\dfrac{10}{25}+7\dfrac{11}{25}=$

㉙ $1\dfrac{7}{26}+2\dfrac{9}{26}=$

㉚ $3\dfrac{15}{27}+3\dfrac{11}{27}=$

㉛ $3\dfrac{8}{29}+1\dfrac{7}{29}=$

㉜ $4\dfrac{14}{29}+3\dfrac{9}{29}=$

㉝ $5\dfrac{11}{30}+8\dfrac{17}{30}=$

○ 계산해 보세요.

34 $1\dfrac{2}{5}+1\dfrac{2}{5}=$

35 $1\dfrac{1}{6}+1\dfrac{4}{6}=$

36 $1\dfrac{2}{7}+2\dfrac{3}{7}=$

37 $1\dfrac{4}{7}+1\dfrac{2}{7}=$

38 $2\dfrac{3}{8}+1\dfrac{4}{8}=$

39 $1\dfrac{1}{9}+4\dfrac{4}{9}=$

40 $3\dfrac{4}{9}+2\dfrac{4}{9}=$

41 $1\dfrac{7}{10}+5\dfrac{2}{10}=$

42 $2\dfrac{3}{10}+1\dfrac{4}{10}=$

43 $1\dfrac{4}{11}+1\dfrac{6}{11}=$

44 $3\dfrac{5}{11}+2\dfrac{1}{11}=$

45 $2\dfrac{4}{12}+5\dfrac{5}{12}=$

46 $2\dfrac{6}{13}+3\dfrac{6}{13}=$

47 $4\dfrac{5}{13}+1\dfrac{4}{13}=$

48 $1\dfrac{5}{14}+1\dfrac{7}{14}=$

49 $6\dfrac{6}{15}+2\dfrac{4}{15}=$

50 $1\dfrac{5}{16}+4\dfrac{7}{16}=$

51 $3\dfrac{2}{17}+1\dfrac{9}{17}=$

52 $7\dfrac{10}{17}+5\dfrac{5}{17}=$

53 $3\dfrac{4}{18}+3\dfrac{11}{18}=$

54 $1\dfrac{10}{19}+9\dfrac{3}{19}=$

55. $4\frac{6}{19}+3\frac{6}{19}=$

56. $2\frac{11}{20}+2\frac{5}{20}=$

57. $1\frac{5}{21}+1\frac{7}{21}=$

58. $2\frac{8}{23}+4\frac{11}{23}=$

59. $6\frac{12}{25}+1\frac{11}{25}=$

60. $3\frac{3}{26}+2\frac{19}{26}=$

61. $1\frac{9}{29}+1\frac{9}{29}=$

62. $2\frac{17}{30}+1\frac{8}{30}=$

63. $1\frac{15}{31}+1\frac{12}{31}=$

64. $1\frac{6}{33}+4\frac{15}{33}=$

65. $6\frac{15}{34}+3\frac{17}{34}=$

66. $1\frac{24}{37}+6\frac{9}{37}=$

67. $4\frac{4}{39}+1\frac{9}{39}=$

68. $1\frac{7}{40}+2\frac{13}{40}=$

69. $3\frac{15}{41}+3\frac{7}{41}=$

70. $7\frac{20}{41}+7\frac{17}{41}=$

71. $6\frac{8}{43}+1\frac{33}{43}=$

72. $2\frac{19}{44}+2\frac{5}{44}=$

73. $1\frac{4}{45}+9\frac{13}{45}=$

74. $6\frac{21}{47}+6\frac{12}{47}=$

75. $5\frac{9}{48}+3\frac{17}{48}=$

05 진분수 부분의 합이 1보다 크고 분모가 같은 (대분수)＋(대분수)

○ $1\dfrac{3}{5}+1\dfrac{4}{5}$의 계산

방법 ① 자연수는 자연수끼리, 진분수는 진분수끼리 더하기

$$1\dfrac{3}{5}+1\dfrac{4}{5}=(1+1)+\left(\dfrac{3}{5}+\dfrac{4}{5}\right)=2+1\dfrac{2}{5}=3\dfrac{2}{5}$$

방법 ② 대분수를 가분수로 바꾸어 더하기

$$1\dfrac{3}{5}+1\dfrac{4}{5}=\dfrac{8}{5}+\dfrac{9}{5}=\dfrac{17}{5}=3\dfrac{2}{5}$$

가분수 → 대분수

○ 계산해 보세요.

① $2\dfrac{2}{3}+1\dfrac{2}{3}=$

⑤ $2\dfrac{6}{7}+2\dfrac{4}{7}=$

⑨ $2\dfrac{4}{9}+1\dfrac{5}{9}=$

② $1\dfrac{3}{4}+1\dfrac{2}{4}=$

⑥ $3\dfrac{3}{7}+1\dfrac{5}{7}=$

⑩ $4\dfrac{7}{9}+3\dfrac{5}{9}=$

③ $1\dfrac{2}{5}+1\dfrac{4}{5}=$

⑦ $1\dfrac{3}{8}+1\dfrac{6}{8}=$

⑪ $1\dfrac{9}{10}+1\dfrac{3}{10}=$

④ $1\dfrac{3}{6}+2\dfrac{5}{6}=$

⑧ $1\dfrac{5}{8}+4\dfrac{4}{8}=$

⑫ $3\dfrac{4}{10}+3\dfrac{7}{10}=$

⑬ $1\dfrac{5}{11} + 3\dfrac{8}{11} =$

⑭ $5\dfrac{3}{11} + 2\dfrac{10}{11} =$

⑮ $1\dfrac{4}{12} + 2\dfrac{10}{12} =$

⑯ $7\dfrac{7}{12} + 1\dfrac{5}{12} =$

⑰ $7\dfrac{9}{13} + 1\dfrac{9}{13} =$

⑱ $4\dfrac{5}{14} + 3\dfrac{13}{14} =$

⑲ $2\dfrac{10}{15} + 3\dfrac{6}{15} =$

⑳ $1\dfrac{6}{16} + 5\dfrac{11}{16} =$

㉑ $1\dfrac{10}{17} + 1\dfrac{9}{17} =$

㉒ $3\dfrac{5}{18} + 1\dfrac{13}{18} =$

㉓ $1\dfrac{13}{19} + 1\dfrac{17}{19} =$

㉔ $1\dfrac{9}{20} + 6\dfrac{15}{20} =$

㉕ $2\dfrac{8}{21} + 2\dfrac{17}{21} =$

㉖ $5\dfrac{17}{21} + 2\dfrac{13}{21} =$

㉗ $1\dfrac{19}{22} + 8\dfrac{3}{22} =$

㉘ $7\dfrac{20}{23} + 1\dfrac{8}{23} =$

㉙ $3\dfrac{6}{25} + 2\dfrac{21}{25} =$

㉚ $3\dfrac{18}{25} + 4\dfrac{18}{25} =$

㉛ $1\dfrac{19}{26} + 1\dfrac{25}{26} =$

㉜ $4\dfrac{22}{27} + 1\dfrac{20}{27} =$

㉝ $4\dfrac{15}{28} + 4\dfrac{16}{28} =$

● 계산해 보세요.

㉞ $1\frac{4}{5}+1\frac{3}{5}=$

㉟ $1\frac{5}{6}+1\frac{2}{6}=$

㊱ $3\frac{4}{6}+1\frac{4}{6}=$

㊲ $1\frac{4}{7}+2\frac{3}{7}=$

㊳ $2\frac{7}{8}+2\frac{7}{8}=$

㊴ $6\frac{4}{8}+1\frac{6}{8}=$

㊵ $1\frac{5}{9}+4\frac{8}{9}=$

㊶ $2\frac{5}{10}+1\frac{7}{10}=$

㊷ $4\frac{9}{10}+3\frac{8}{10}=$

㊸ $1\frac{4}{11}+1\frac{9}{11}=$

㊹ $3\frac{7}{11}+5\frac{8}{11}=$

㊺ $1\frac{12}{13}+1\frac{6}{13}=$

㊻ $3\frac{5}{13}+1\frac{9}{13}=$

㊼ $2\frac{8}{14}+3\frac{8}{14}=$

㊽ $1\frac{7}{15}+5\frac{9}{15}=$

㊾ $2\frac{8}{16}+2\frac{8}{16}=$

㊿ $4\frac{3}{20}+1\frac{18}{20}=$

(51) $1\frac{11}{21}+1\frac{14}{21}=$

(52) $4\frac{9}{22}+3\frac{16}{22}=$

(53) $1\frac{10}{23}+2\frac{17}{23}=$

(54) $3\frac{20}{23}+5\frac{21}{23}=$

55) $1\dfrac{9}{25}+1\dfrac{19}{25}=$

56) $1\dfrac{15}{26}+6\dfrac{16}{26}=$

57) $2\dfrac{21}{27}+2\dfrac{7}{27}=$

58) $4\dfrac{15}{27}+3\dfrac{19}{27}=$

59) $1\dfrac{17}{28}+1\dfrac{14}{28}=$

60) $3\dfrac{11}{29}+1\dfrac{24}{29}=$

61) $3\dfrac{11}{30}+3\dfrac{19}{30}=$

62) $2\dfrac{18}{31}+3\dfrac{14}{31}=$

63) $4\dfrac{29}{31}+1\dfrac{6}{31}=$

64) $1\dfrac{15}{33}+1\dfrac{25}{33}=$

65) $2\dfrac{21}{34}+1\dfrac{20}{34}=$

66) $1\dfrac{9}{35}+3\dfrac{27}{35}=$

67) $2\dfrac{16}{37}+2\dfrac{25}{37}=$

68) $1\dfrac{23}{38}+1\dfrac{25}{38}=$

69) $2\dfrac{12}{39}+2\dfrac{32}{39}=$

70) $1\dfrac{27}{40}+1\dfrac{33}{40}=$

71) $3\dfrac{29}{41}+4\dfrac{22}{41}=$

72) $4\dfrac{15}{41}+2\dfrac{26}{41}=$

73) $2\dfrac{19}{43}+2\dfrac{29}{43}=$

74) $1\dfrac{35}{44}+3\dfrac{9}{44}=$

75) $6\dfrac{24}{45}+2\dfrac{39}{45}=$

분모가 같은 (대분수) + (가분수)

$1\dfrac{1}{3}+\dfrac{7}{3}$ 의 계산

방법 1 가분수를 대분수로 바꾸어 더하기

$$1\dfrac{1}{3}+\dfrac{7}{3}=1\dfrac{1}{3}+2\dfrac{1}{3}=(1+2)+\left(\dfrac{1}{3}+\dfrac{1}{3}\right)=3+\dfrac{2}{3}=3\dfrac{2}{3}$$

방법 2 대분수를 가분수로 바꾸어 더하기

$$1\dfrac{1}{3}+\dfrac{7}{3}=\dfrac{4}{3}+\dfrac{7}{3}=\underbrace{\dfrac{11}{3}}_{\text{가분수 → 대분수}}=3\dfrac{2}{3}$$

○ 계산해 보세요.

① $1\dfrac{2}{4}+\dfrac{5}{4}=$

② $1\dfrac{3}{5}+\dfrac{9}{5}=$

③ $2\dfrac{1}{5}+\dfrac{7}{5}=$

④ $5\dfrac{3}{6}+\dfrac{7}{6}=$

⑤ $1\dfrac{6}{7}+\dfrac{12}{7}=$

⑥ $3\dfrac{4}{7}+\dfrac{15}{7}=$

⑦ $1\dfrac{3}{8}+\dfrac{11}{8}=$

⑧ $2\dfrac{5}{8}+\dfrac{18}{8}=$

⑨ $1\dfrac{1}{9}+\dfrac{10}{9}=$

⑩ $2\dfrac{8}{9}+\dfrac{14}{9}=$

⑪ $3\dfrac{5}{10}+\dfrac{29}{10}=$

⑫ $7\dfrac{3}{10}+\dfrac{23}{10}=$

⑬ $1\dfrac{10}{11} + \dfrac{25}{11} =$

⑳ $3\dfrac{2}{15} + \dfrac{19}{15} =$

㉗ $1\dfrac{7}{20} + \dfrac{77}{20} =$

⑭ $2\dfrac{8}{11} + \dfrac{13}{11} =$

㉑ $5\dfrac{11}{16} + \dfrac{35}{16} =$

㉘ $1\dfrac{14}{23} + \dfrac{50}{23} =$

⑮ $6\dfrac{5}{12} + \dfrac{16}{12} =$

㉒ $1\dfrac{10}{17} + \dfrac{30}{17} =$

㉙ $2\dfrac{6}{23} + \dfrac{29}{23} =$

⑯ $1\dfrac{9}{13} + \dfrac{40}{13} =$

㉓ $3\dfrac{15}{17} + \dfrac{52}{17} =$

㉚ $5\dfrac{21}{24} + \dfrac{25}{24} =$

⑰ $4\dfrac{1}{13} + \dfrac{20}{13} =$

㉔ $2\dfrac{9}{18} + \dfrac{37}{18} =$

㉛ $4\dfrac{8}{25} + \dfrac{49}{25} =$

⑱ $5\dfrac{5}{14} + \dfrac{23}{14} =$

㉕ $2\dfrac{6}{19} + \dfrac{34}{19} =$

㉜ $7\dfrac{15}{26} + \dfrac{31}{26} =$

⑲ $1\dfrac{7}{15} + \dfrac{21}{15} =$

㉖ $6\dfrac{12}{19} + \dfrac{21}{19} =$

㉝ $3\dfrac{20}{27} + \dfrac{30}{27} =$

○ 계산해 보세요.

㉞ $\frac{8}{6}+1\frac{1}{6}=$

㉟ $\frac{14}{6}+1\frac{3}{6}=$

㊱ $\frac{10}{7}+3\frac{2}{7}=$

㊲ $\frac{12}{7}+1\frac{5}{7}=$

㊳ $\frac{15}{7}+3\frac{4}{7}=$

㊴ $\frac{11}{8}+2\frac{3}{8}=$

㊵ $\frac{14}{8}+2\frac{7}{8}=$

㊶ $\frac{10}{9}+6\frac{4}{9}=$

㊷ $\frac{13}{9}+1\frac{5}{9}=$

㊸ $\frac{37}{9}+4\frac{7}{9}=$

㊹ $\frac{15}{10}+3\frac{3}{10}=$

㊺ $\frac{22}{10}+1\frac{7}{10}=$

㊻ $\frac{20}{11}+1\frac{8}{11}=$

㊼ $\frac{57}{11}+2\frac{4}{11}=$

㊽ $\frac{21}{12}+3\frac{7}{12}=$

㊾ $\frac{27}{12}+1\frac{11}{12}=$

㊿ $\frac{14}{13}+5\frac{10}{13}=$

(51) $\frac{19}{13}+1\frac{2}{13}=$

(52) $\frac{30}{13}+4\frac{6}{13}=$

(53) $\frac{19}{14}+2\frac{5}{14}=$

(54) $\frac{29}{14}+6\frac{9}{14}=$

55 $\dfrac{21}{15} + 2\dfrac{4}{15} =$

62 $\dfrac{35}{19} + 1\dfrac{15}{19} =$

69 $\dfrac{35}{29} + 4\dfrac{8}{29} =$

56 $\dfrac{34}{15} + 4\dfrac{11}{15} =$

63 $\dfrac{29}{20} + 7\dfrac{7}{20} =$

70 $\dfrac{45}{29} + 1\dfrac{17}{29} =$

57 $\dfrac{35}{16} + 1\dfrac{3}{16} =$

64 $\dfrac{45}{21} + 3\dfrac{12}{21} =$

71 $\dfrac{99}{31} + 2\dfrac{6}{31} =$

58 $\dfrac{22}{17} + 5\dfrac{15}{17} =$

65 $\dfrac{48}{21} + 5\dfrac{15}{21} =$

72 $\dfrac{70}{34} + 7\dfrac{31}{34} =$

59 $\dfrac{40}{17} + 2\dfrac{8}{17} =$

66 $\dfrac{70}{23} + 1\dfrac{17}{23} =$

73 $\dfrac{73}{35} + 5\dfrac{29}{35} =$

60 $\dfrac{39}{18} + 1\dfrac{11}{18} =$

67 $\dfrac{36}{24} + 2\dfrac{13}{24} =$

74 $\dfrac{47}{37} + 1\dfrac{30}{37} =$

61 $\dfrac{22}{19} + 3\dfrac{2}{19} =$

68 $\dfrac{30}{27} + 2\dfrac{20}{27} =$

75 $\dfrac{45}{38} + 6\dfrac{27}{38} =$

07 계산 Plus+

분모가 같은 (대분수)+(대분수), (대분수)+(가분수)

○ 빈칸에 알맞은 수를 써넣으세요.

1

$+3\frac{3}{7}$

$3\frac{2}{7}$

$3\frac{2}{7}+3\frac{3}{7}$ 을
계산해요.

2

$+8\frac{3}{8}$

$1\frac{2}{8}$

3

$+1\frac{2}{12}$

$6\frac{7}{12}$

4

$+1\frac{3}{4}$

$2\frac{2}{4}$

5

$+3\frac{7}{9}$

$2\frac{4}{9}$

6

$+5\frac{9}{17}$

$1\frac{12}{17}$

7

$+\frac{11}{5}$

$2\frac{3}{5}$

8

$+7\frac{5}{8}$

$\frac{13}{8}$

9　$3\dfrac{3}{5}$　➡️　$+2\dfrac{1}{5}$　➡️　□

　　　　　$3\dfrac{3}{5}+2\dfrac{1}{5}$을 계산해요.

14　$2\dfrac{13}{15}$　➡️　$+1\dfrac{2}{15}$　➡️　□

10　$2\dfrac{7}{11}$　➡️　$+1\dfrac{3}{11}$　➡️　□

15　$3\dfrac{2}{3}$　➡️　$+\dfrac{5}{3}$　➡️　□

11　$5\dfrac{4}{18}$　➡️　$+2\dfrac{11}{18}$　➡️　□

16　$4\dfrac{1}{6}$　➡️　$+\dfrac{10}{6}$　➡️　□

12　$1\dfrac{6}{7}$　➡️　$+6\dfrac{4}{7}$　➡️　□

17　$\dfrac{23}{10}$　➡️　$+2\dfrac{3}{10}$　➡️　□

13　$4\dfrac{8}{13}$　➡️　$+4\dfrac{9}{13}$　➡️　□

18　$\dfrac{25}{19}$　➡️　$+4\dfrac{9}{19}$　➡️　□

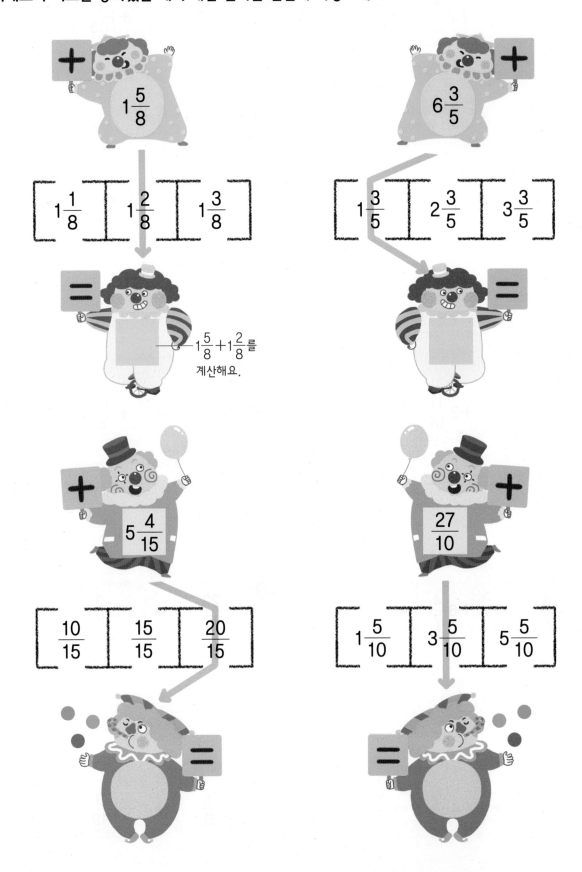

$1\frac{5}{8}$

$6\frac{3}{5}$

$1\frac{1}{8}$ $1\frac{2}{8}$ $1\frac{3}{8}$

$1\frac{3}{5}$ $2\frac{3}{5}$ $3\frac{3}{5}$

$1\frac{5}{8}+1\frac{2}{8}$ 를 계산해요.

$5\frac{4}{15}$

$\frac{27}{10}$

$\frac{10}{15}$ $\frac{15}{15}$ $\frac{20}{15}$

$1\frac{5}{10}$ $3\frac{5}{10}$ $5\frac{5}{10}$

○ 약속에 따라 계산했을 때의 결과를 빈칸에 써넣으세요.

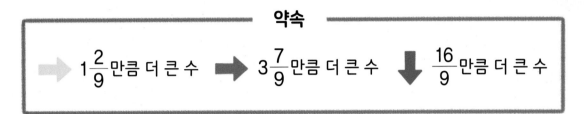

약속

$\Rightarrow$ $1\dfrac{2}{9}$ 만큼 더 큰 수　$\Rightarrow$ $3\dfrac{7}{9}$ 만큼 더 큰 수　$\downarrow$ $\dfrac{16}{9}$ 만큼 더 큰 수

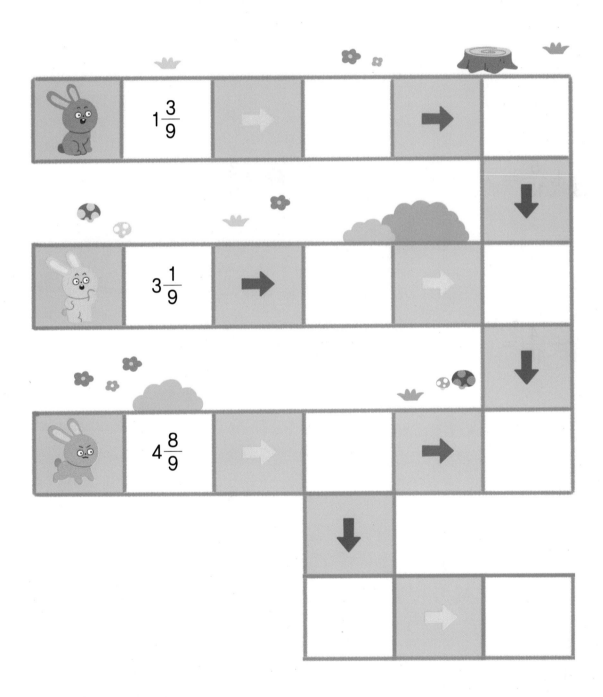

08 분수의 덧셈 평가

○ 계산해 보세요.

1 $\dfrac{3}{7} + \dfrac{2}{7} =$

2 $\dfrac{4}{13} + \dfrac{5}{13} =$

3 $\dfrac{11}{18} + \dfrac{4}{18} =$

4 $\dfrac{4}{6} + \dfrac{5}{6} =$

5 $\dfrac{8}{9} + \dfrac{4}{9} =$

6 $\dfrac{7}{15} + \dfrac{13}{15} =$

7 $2\dfrac{3}{6} + 3\dfrac{1}{6} =$

8 $5\dfrac{3}{10} + 2\dfrac{4}{10} =$

9 $2\dfrac{5}{14} + 3\dfrac{4}{14} =$

10 $1\dfrac{4}{5} + 4\dfrac{3}{5} =$

⑪ $2\dfrac{6}{8}+2\dfrac{2}{8}=$

⑫ $3\dfrac{4}{17}+5\dfrac{15}{17}=$

⑬ $5\dfrac{1}{4}+\dfrac{10}{4}=$

⑭ $2\dfrac{3}{5}+\dfrac{26}{5}=$

⑮ $\dfrac{20}{9}+1\dfrac{5}{9}=$

⑯ $\dfrac{19}{12}+3\dfrac{7}{12}=$

○ 빈칸에 알맞은 수를 써넣으세요.

⑰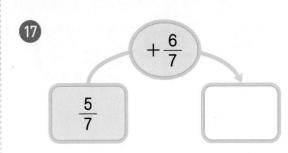

⑱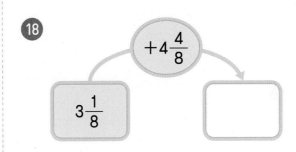

⑲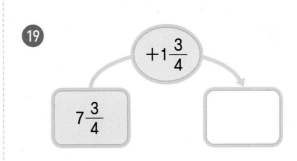

⑳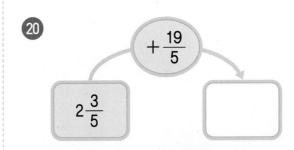

2

분모가 **같은** 분수의 뺄셈 훈련이 중요한

분수의 뺄셈

분모가 **같은** 분수의 뺄셈 훈련이 중요한

09 분모가 같은 (진분수) − (진분수)

10 진분수 부분끼리 뺄 수 있고 분모가 같은 (대분수) − (대분수)

11 계산 Plus+

12 1 − (진분수)

13 (자연수) − (진분수)

14 (자연수) − (대분수)

15 계산 Plus+

16 진분수 부분끼리 뺄 수 없고 분모가 같은 (대분수) − (대분수)

17 분모가 같은 (대분수) − (가분수)

18 어떤 수 구하기

19 계산 Plus+

20 분수의 뺄셈 평가

분모가 같은 (진분수) − (진분수)

○ $\dfrac{4}{5} - \dfrac{1}{5}$의 계산

분모는 그대로 두고 분자끼리 뺍니다.

분자끼리 빼기

$$\dfrac{4}{5} - \dfrac{1}{5} = \dfrac{4-1}{5} = \dfrac{3}{5}$$

분모는 그대로

○ 계산해 보세요.

❶ $\dfrac{2}{3} - \dfrac{1}{3} =$

❷ $\dfrac{3}{4} - \dfrac{1}{4} =$

❸ $\dfrac{5}{6} - \dfrac{2}{6} =$

❹ $\dfrac{4}{7} - \dfrac{2}{7} =$

❺ $\dfrac{6}{7} - \dfrac{5}{7} =$

❻ $\dfrac{6}{8} - \dfrac{1}{8} =$

❼ $\dfrac{5}{9} - \dfrac{4}{9} =$

❽ $\dfrac{8}{9} - \dfrac{2}{9} =$

❾ $\dfrac{7}{10} - \dfrac{6}{10} =$

❿ $\dfrac{7}{11} - \dfrac{5}{11} =$

⓫ $\dfrac{10}{11} - \dfrac{2}{11} =$

⓬ $\dfrac{9}{12} - \dfrac{4}{12} =$

⑬ $\dfrac{6}{13} - \dfrac{3}{13} =$

⑳ $\dfrac{15}{18} - \dfrac{1}{18} =$

㉗ $\dfrac{9}{23} - \dfrac{2}{23} =$

⑭ $\dfrac{11}{13} - \dfrac{5}{13} =$

㉑ $\dfrac{7}{19} - \dfrac{5}{19} =$

㉘ $\dfrac{15}{25} - \dfrac{14}{25} =$

⑮ $\dfrac{5}{14} - \dfrac{2}{14} =$

㉒ $\dfrac{12}{19} - \dfrac{3}{19} =$

㉙ $\dfrac{21}{25} - \dfrac{6}{25} =$

⑯ $\dfrac{13}{15} - \dfrac{9}{15} =$

㉓ $\dfrac{8}{20} - \dfrac{3}{20} =$

㉚ $\dfrac{19}{26} - \dfrac{9}{26} =$

⑰ $\dfrac{9}{16} - \dfrac{2}{16} =$

㉔ $\dfrac{11}{21} - \dfrac{8}{21} =$

㉛ $\dfrac{12}{27} - \dfrac{5}{27} =$

⑱ $\dfrac{10}{17} - \dfrac{8}{17} =$

㉕ $\dfrac{20}{21} - \dfrac{7}{21} =$

㉜ $\dfrac{26}{29} - \dfrac{18}{29} =$

⑲ $\dfrac{14}{17} - \dfrac{4}{17} =$

㉖ $\dfrac{16}{22} - \dfrac{9}{22} =$

㉝ $\dfrac{22}{30} - \dfrac{7}{30} =$

○ 계산해 보세요.

㉞ $\dfrac{4}{5} - \dfrac{2}{5} =$

㊶ $\dfrac{6}{9} - \dfrac{5}{9} =$

㊽ $\dfrac{11}{14} - \dfrac{5}{14} =$

㉟ $\dfrac{4}{6} - \dfrac{1}{6} =$

㊷ $\dfrac{5}{10} - \dfrac{2}{10} =$

㊾ $\dfrac{8}{15} - \dfrac{4}{15} =$

㊱ $\dfrac{3}{7} - \dfrac{2}{7} =$

㊸ $\dfrac{9}{10} - \dfrac{4}{10} =$

㊿ $\dfrac{15}{16} - \dfrac{9}{16} =$

㊲ $\dfrac{5}{7} - \dfrac{3}{7} =$

㊹ $\dfrac{8}{11} - \dfrac{5}{11} =$

51 $\dfrac{6}{17} - \dfrac{5}{17} =$

㊳ $\dfrac{3}{8} - \dfrac{1}{8} =$

㊺ $\dfrac{4}{12} - \dfrac{1}{12} =$

52 $\dfrac{13}{18} - \dfrac{7}{18} =$

㊴ $\dfrac{7}{8} - \dfrac{4}{8} =$

㊻ $\dfrac{10}{12} - \dfrac{3}{12} =$

53 $\dfrac{9}{19} - \dfrac{4}{19} =$

㊵ $\dfrac{4}{9} - \dfrac{2}{9} =$

㊼ $\dfrac{7}{13} - \dfrac{4}{13} =$

54 $\dfrac{17}{20} - \dfrac{6}{20} =$

55. $\dfrac{14}{21} - \dfrac{10}{21} =$

56. $\dfrac{7}{22} - \dfrac{3}{22} =$

57. $\dfrac{20}{23} - \dfrac{1}{23} =$

58. $\dfrac{19}{25} - \dfrac{8}{25} =$

59. $\dfrac{10}{27} - \dfrac{5}{27} =$

60. $\dfrac{21}{28} - \dfrac{7}{28} =$

61. $\dfrac{25}{29} - \dfrac{11}{29} =$

62. $\dfrac{9}{31} - \dfrac{6}{31} =$

63. $\dfrac{15}{33} - \dfrac{8}{33} =$

64. $\dfrac{31}{34} - \dfrac{15}{34} =$

65. $\dfrac{14}{35} - \dfrac{4}{35} =$

66. $\dfrac{26}{36} - \dfrac{7}{36} =$

67. $\dfrac{37}{38} - \dfrac{31}{38} =$

68. $\dfrac{19}{40} - \dfrac{5}{40} =$

69. $\dfrac{33}{42} - \dfrac{19}{42} =$

70. $\dfrac{12}{43} - \dfrac{4}{43} =$

71. $\dfrac{19}{44} - \dfrac{11}{44} =$

72. $\dfrac{41}{45} - \dfrac{9}{45} =$

73. $\dfrac{24}{47} - \dfrac{14}{47} =$

74. $\dfrac{39}{48} - \dfrac{2}{48} =$

75. $\dfrac{43}{49} - \dfrac{25}{49} =$

10 진분수 부분끼리 뺄 수 있고 분모가 같은 (대분수)−(대분수)

○ $2\frac{3}{4}-1\frac{1}{4}$의 계산

방법 ① 자연수는 자연수끼리, 진분수는 진분수끼리 빼기

$$2\frac{3}{4}-1\frac{1}{4}=(2-1)+\left(\frac{3}{4}-\frac{1}{4}\right)=1+\frac{2}{4}=1\frac{2}{4}$$

방법 ② 대분수를 가분수로 바꾸어 빼기

$$2\frac{3}{4}-1\frac{1}{4}=\frac{11}{4}-\frac{5}{4}=\frac{6}{4}=1\frac{2}{4}$$

가분수 → 대분수

○ 계산해 보세요.

1 $3\frac{2}{3}-1\frac{1}{3}=$

2 $5\frac{3}{4}-3\frac{2}{4}=$

3 $2\frac{3}{5}-1\frac{1}{5}=$

4 $3\frac{5}{6}-2\frac{2}{6}=$

5 $4\frac{5}{7}-3\frac{1}{7}=$

6 $9\frac{3}{7}-2\frac{2}{7}=$

7 $4\frac{3}{8}-1\frac{2}{8}=$

8 $5\frac{7}{8}-3\frac{5}{8}=$

9 $2\frac{7}{9}-1\frac{6}{9}=$

10 $6\frac{4}{10}-3\frac{1}{10}=$

11 $6\frac{9}{10}-5\frac{6}{10}=$

12 $4\frac{10}{11}-2\frac{3}{11}=$

⑬ $2\dfrac{7}{12} - 1\dfrac{3}{12} =$

⑭ $5\dfrac{4}{13} - 2\dfrac{2}{13} =$

⑮ $8\dfrac{11}{13} - 5\dfrac{9}{13} =$

⑯ $3\dfrac{9}{14} - 1\dfrac{5}{14} =$

⑰ $4\dfrac{10}{15} - 2\dfrac{3}{15} =$

⑱ $4\dfrac{5}{16} - 3\dfrac{3}{16} =$

⑲ $3\dfrac{12}{17} - 2\dfrac{3}{17} =$

⑳ $9\dfrac{8}{17} - 1\dfrac{4}{17} =$

㉑ $6\dfrac{11}{18} - 4\dfrac{9}{18} =$

㉒ $2\dfrac{6}{19} - 1\dfrac{2}{19} =$

㉓ $5\dfrac{18}{19} - 3\dfrac{11}{19} =$

㉔ $4\dfrac{13}{20} - 2\dfrac{7}{20} =$

㉕ $5\dfrac{15}{21} - 4\dfrac{10}{21} =$

㉖ $7\dfrac{8}{21} - 5\dfrac{7}{21} =$

㉗ $4\dfrac{20}{22} - 3\dfrac{7}{22} =$

㉘ $6\dfrac{19}{23} - 1\dfrac{3}{23} =$

㉙ $9\dfrac{14}{23} - 4\dfrac{5}{23} =$

㉚ $3\dfrac{18}{25} - 1\dfrac{9}{25} =$

㉛ $8\dfrac{23}{26} - 7\dfrac{15}{26} =$

㉜ $2\dfrac{9}{27} - 1\dfrac{4}{27} =$

㉝ $5\dfrac{25}{27} - 2\dfrac{8}{27} =$

○ 계산해 보세요.

34. $3\dfrac{4}{5} - 2\dfrac{3}{5} =$

35. $2\dfrac{5}{6} - 1\dfrac{3}{6} =$

36. $4\dfrac{4}{6} - 2\dfrac{1}{6} =$

37. $3\dfrac{6}{7} - 1\dfrac{5}{7} =$

38. $6\dfrac{2}{7} - 3\dfrac{1}{7} =$

39. $9\dfrac{5}{8} - 5\dfrac{3}{8} =$

40. $2\dfrac{6}{9} - 1\dfrac{3}{9} =$

41. $3\dfrac{4}{9} - 2\dfrac{2}{9} =$

42. $4\dfrac{7}{10} - 2\dfrac{5}{10} =$

43. $5\dfrac{5}{10} - 4\dfrac{1}{10} =$

44. $3\dfrac{4}{11} - 2\dfrac{2}{11} =$

45. $7\dfrac{9}{11} - 1\dfrac{4}{11} =$

46. $2\dfrac{10}{12} - 1\dfrac{7}{12} =$

47. $3\dfrac{12}{13} - 1\dfrac{7}{13} =$

48. $6\dfrac{8}{13} - 3\dfrac{3}{13} =$

49. $8\dfrac{12}{14} - 5\dfrac{5}{14} =$

50. $2\dfrac{6}{15} - 1\dfrac{5}{15} =$

51. $5\dfrac{9}{16} - 3\dfrac{2}{16} =$

52. $3\dfrac{11}{17} - 2\dfrac{8}{17} =$

53. $6\dfrac{7}{18} - 4\dfrac{1}{18} =$

54. $4\dfrac{5}{19} - 1\dfrac{3}{19} =$

55 $9\frac{15}{19} - 3\frac{6}{19} =$

62 $4\frac{23}{29} - 1\frac{6}{29} =$

69 $2\frac{21}{39} - 1\frac{13}{39} =$

56 $5\frac{10}{20} - 1\frac{1}{20} =$

63 $3\frac{17}{30} - 2\frac{6}{30} =$

70 $6\frac{9}{40} - 4\frac{7}{40} =$

57 $3\frac{8}{21} - 1\frac{3}{21} =$

64 $5\frac{12}{31} - 4\frac{8}{31} =$

71 $7\frac{33}{41} - 3\frac{19}{41} =$

58 $4\frac{13}{22} - 3\frac{4}{22} =$

65 $8\frac{29}{31} - 3\frac{15}{31} =$

72 $8\frac{41}{43} - 1\frac{9}{43} =$

59 $7\frac{21}{23} - 2\frac{5}{23} =$

66 $7\frac{33}{34} - 5\frac{7}{34} =$

73 $4\frac{14}{46} - 2\frac{5}{46} =$

60 $2\frac{11}{25} - 1\frac{8}{25} =$

67 $4\frac{15}{35} - 2\frac{11}{35} =$

74 $3\frac{27}{49} - 1\frac{24}{49} =$

61 $6\frac{19}{26} - 4\frac{15}{26} =$

68 $3\frac{30}{37} - 1\frac{15}{37} =$

75 $5\frac{41}{50} - 2\frac{26}{50} =$

11 계산 Plus+

받아내림이 없는 (분수) − (분수)

○ 빈칸에 알맞은 수를 써넣으세요.

1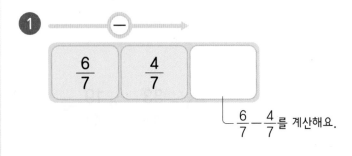

$\dfrac{6}{7}$　$\dfrac{4}{7}$

└ $\dfrac{6}{7} - \dfrac{4}{7}$ 를 계산해요.

2

$\dfrac{5}{9}$　$\dfrac{1}{9}$

3

$\dfrac{9}{12}$　$\dfrac{3}{12}$

4

$\dfrac{12}{17}$　$\dfrac{7}{17}$

5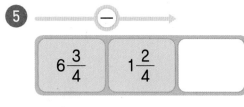

$6\dfrac{3}{4}$　$1\dfrac{2}{4}$

6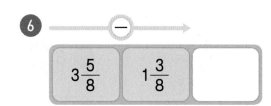

$3\dfrac{5}{8}$　$1\dfrac{3}{8}$

7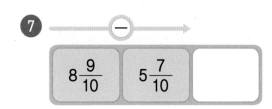

$8\dfrac{9}{10}$　$5\dfrac{7}{10}$

8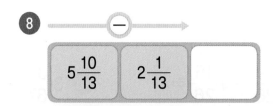

$5\dfrac{10}{13}$　$2\dfrac{1}{13}$

9

$$\frac{4}{5}$$

$$-\frac{3}{5}$$

$\square$

$\dfrac{4}{5} - \dfrac{3}{5}$ 을 계산해요.

10

$$\frac{7}{8}$$

$$-\frac{2}{8}$$

$\square$

11

$$\frac{11}{15}$$

$$-\frac{9}{15}$$

$\square$

12

$$2\frac{5}{6}$$

$$-1\frac{1}{6}$$

$\square$

13

$$7\frac{4}{9}$$

$$-2\frac{2}{9}$$

$\square$

14

$$9\frac{13}{16}$$

$$8\frac{5}{16}$$

$\square$

● 자동차가 지나가는 길의 두 분수의 차가 차고 안의 수가 되도록 선으로 연결하고, 뺄셈식을 써 보세요.

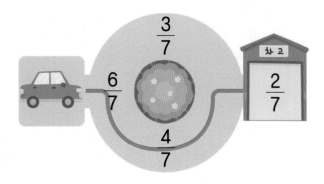

식 _____

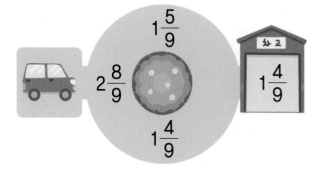

식 _____

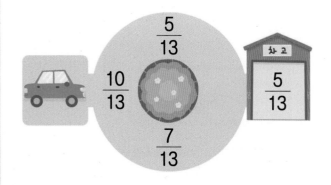

식 _____

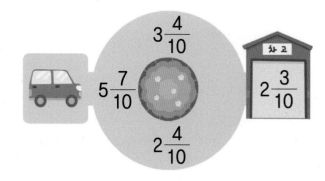

식 _____

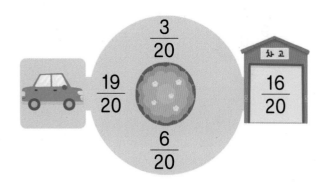

식 _____

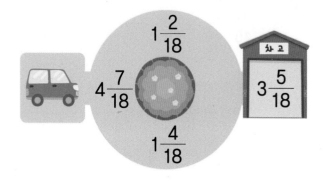

식 _____

● 눈사람의 모자에 있는 글자를 표의 빈칸에 써넣으려고 합니다.
분수의 차에 해당하는 글자를 표의 빈칸에 써넣어 속담을 완성해 보세요.

$\dfrac{7}{9} - \dfrac{4}{9}$ 를 계산해요.

$\dfrac{1}{9}$	$\dfrac{3}{9}$	$\dfrac{6}{9}$	$1\dfrac{2}{9}$	$1\dfrac{5}{9}$	$2\dfrac{3}{9}$

12 1-(진분수)

○ $1-\dfrac{2}{5}$의 계산

1을 가분수로 바꾸어 분모는 그대로 두고 분자끼리 뺍니다.

$$1-\dfrac{2}{5}=\dfrac{5}{5}-\dfrac{2}{5}=\dfrac{3}{5}$$

빼는 분수의 분모가 5이므로
1을 분모가 5인 가분수로 바꾸기

○ 계산해 보세요.

1 $1-\dfrac{2}{3}=$

2 $1-\dfrac{2}{4}=$

3 $1-\dfrac{1}{5}=$

4 $1-\dfrac{5}{6}=$

5 $1-\dfrac{4}{7}=$

6 $1-\dfrac{1}{8}=$

7 $1-\dfrac{5}{8}=$

8 $1-\dfrac{4}{9}=$

9 $1-\dfrac{7}{9}=$

10 $1-\dfrac{3}{10}=$

11 $1-\dfrac{4}{11}=$

12 $1-\dfrac{7}{11}=$

⑬ $1 - \dfrac{10}{12} =$

⑭ $1 - \dfrac{1}{13} =$

⑮ $1 - \dfrac{8}{13} =$

⑯ $1 - \dfrac{6}{14} =$

⑰ $1 - \dfrac{11}{15} =$

⑱ $1 - \dfrac{5}{16} =$

⑲ $1 - \dfrac{8}{17} =$

⑳ $1 - \dfrac{15}{17} =$

㉑ $1 - \dfrac{7}{18} =$

㉒ $1 - \dfrac{12}{19} =$

㉓ $1 - \dfrac{2}{20} =$

㉔ $1 - \dfrac{17}{20} =$

㉕ $1 - \dfrac{9}{21} =$

㉖ $1 - \dfrac{14}{21} =$

㉗ $1 - \dfrac{17}{22} =$

㉘ $1 - \dfrac{8}{23} =$

㉙ $1 - \dfrac{22}{25} =$

㉚ $1 - \dfrac{19}{26} =$

㉛ $1 - \dfrac{4}{27} =$

㉜ $1 - \dfrac{18}{28} =$

㉝ $1 - \dfrac{23}{30} =$

● 계산해 보세요.

34) $1 - \dfrac{3}{5} =$

35) $1 - \dfrac{1}{6} =$

36) $1 - \dfrac{4}{6} =$

37) $1 - \dfrac{2}{7} =$

38) $1 - \dfrac{6}{7} =$

39) $1 - \dfrac{3}{8} =$

40) $1 - \dfrac{4}{8} =$

41) $1 - \dfrac{2}{9} =$

42) $1 - \dfrac{5}{9} =$

43) $1 - \dfrac{4}{10} =$

44) $1 - \dfrac{9}{10} =$

45) $1 - \dfrac{6}{11} =$

46) $1 - \dfrac{9}{11} =$

47) $1 - \dfrac{3}{12} =$

48) $1 - \dfrac{6}{13} =$

49) $1 - \dfrac{3}{14} =$

50) $1 - \dfrac{8}{14} =$

51) $1 - \dfrac{12}{15} =$

52) $1 - \dfrac{7}{16} =$

53) $1 - \dfrac{1}{17} =$

54) $1 - \dfrac{14}{17} =$

55 $1 - \dfrac{9}{18} =$

56 $1 - \dfrac{16}{19} =$

57 $1 - \dfrac{5}{20} =$

58 $1 - \dfrac{12}{21} =$

59 $1 - \dfrac{6}{23} =$

60 $1 - \dfrac{14}{25} =$

61 $1 - \dfrac{8}{27} =$

62 $1 - \dfrac{11}{28} =$

63 $1 - \dfrac{14}{30} =$

64 $1 - \dfrac{24}{31} =$

65 $1 - \dfrac{7}{32} =$

66 $1 - \dfrac{14}{33} =$

67 $1 - \dfrac{20}{35} =$

68 $1 - \dfrac{19}{36} =$

69 $1 - \dfrac{4}{39} =$

70 $1 - \dfrac{33}{40} =$

71 $1 - \dfrac{17}{42} =$

72 $1 - \dfrac{21}{43} =$

73 $1 - \dfrac{37}{45} =$

74 $1 - \dfrac{15}{46} =$

75 $1 - \dfrac{29}{48} =$

(자연수)−(진분수)

● $2-\dfrac{3}{4}$의 계산

자연수에서 1만큼을 가분수로 바꾸어 뺍니다.

$$2-\dfrac{3}{4}=1\dfrac{4}{4}-\dfrac{3}{4}=1\dfrac{1}{4}$$

$$2=1+1=1+\dfrac{4}{4}=1\dfrac{4}{4}$$

○ 계산해 보세요.

❶ $2-\dfrac{1}{3}=$

❺ $4-\dfrac{2}{7}=$

❾ $2-\dfrac{7}{9}=$

❷ $5-\dfrac{3}{4}=$

❻ $7-\dfrac{5}{7}=$

❿ $3-\dfrac{8}{9}=$

❸ $3-\dfrac{2}{5}=$

❼ $2-\dfrac{3}{8}=$

⓫ $6-\dfrac{3}{10}=$

❹ $3-\dfrac{3}{6}=$

❽ $5-\dfrac{7}{8}=$

⓬ $2-\dfrac{1}{11}=$

⑬ $4 - \dfrac{5}{11} =$

⑭ $9 - \dfrac{7}{12} =$

⑮ $4 - \dfrac{2}{13} =$

⑯ $5 - \dfrac{9}{13} =$

⑰ $3 - \dfrac{5}{14} =$

⑱ $7 - \dfrac{7}{14} =$

⑲ $3 - \dfrac{4}{15} =$

⑳ $6 - \dfrac{13}{16} =$

㉑ $5 - \dfrac{3}{17} =$

㉒ $2 - \dfrac{1}{18} =$

㉓ $4 - \dfrac{14}{19} =$

㉔ $8 - \dfrac{15}{19} =$

㉕ $3 - \dfrac{11}{20} =$

㉖ $6 - \dfrac{6}{21} =$

㉗ $7 - \dfrac{5}{22} =$

㉘ $2 - \dfrac{20}{23} =$

㉙ $9 - \dfrac{12}{25} =$

㉚ $3 - \dfrac{17}{26} =$

㉛ $4 - \dfrac{9}{27} =$

㉜ $8 - \dfrac{15}{28} =$

㉝ $5 - \dfrac{23}{29} =$

34 $2 - \dfrac{1}{5} =$

35 $3 - \dfrac{4}{5} =$

36 $5 - \dfrac{5}{6} =$

37 $2 - \dfrac{1}{7} =$

38 $9 - \dfrac{3}{7} =$

39 $3 - \dfrac{1}{8} =$

40 $4 - \dfrac{2}{8} =$

41 $2 - \dfrac{2}{9} =$

42 $5 - \dfrac{6}{9} =$

43 $4 - \dfrac{5}{10} =$

44 $8 - \dfrac{7}{10} =$

45 $3 - \dfrac{2}{11} =$

46 $6 - \dfrac{9}{11} =$

47 $2 - \dfrac{5}{12} =$

48 $9 - \dfrac{11}{12} =$

49 $7 - \dfrac{3}{13} =$

50 $2 - \dfrac{9}{14} =$

51 $4 - \dfrac{14}{15} =$

52 $2 - \dfrac{3}{16} =$

53 $5 - \dfrac{7}{16} =$

54 $4 - \dfrac{8}{17} =$

55 $6 - \dfrac{15}{17} =$

56 $3 - \dfrac{5}{18} =$

57 $8 - \dfrac{4}{19} =$

58 $2 - \dfrac{17}{20} =$

59 $4 - \dfrac{2}{21} =$

60 $2 - \dfrac{10}{23} =$

61 $5 - \dfrac{6}{25} =$

62 $2 - \dfrac{21}{26} =$

63 $9 - \dfrac{19}{27} =$

64 $3 - \dfrac{8}{29} =$

65 $2 - \dfrac{3}{30} =$

66 $6 - \dfrac{15}{31} =$

67 $4 - \dfrac{27}{33} =$

68 $8 - \dfrac{31}{35} =$

69 $5 - \dfrac{9}{38} =$

70 $3 - \dfrac{33}{39} =$

71 $2 - \dfrac{14}{41} =$

72 $7 - \dfrac{40}{43} =$

73 $2 - \dfrac{29}{44} =$

74 $4 - \dfrac{40}{47} =$

75 $6 - \dfrac{33}{50} =$

(자연수) − (대분수)

○ $3-1\frac{1}{3}$의 계산

방법 ① 자연수에서 1만큼을 가분수로 바꾸어 빼기

$$3-1\frac{1}{3}=2\frac{3}{3}-1\frac{1}{3}=(2-1)+\left(\frac{3}{3}-\frac{1}{3}\right)=1+\frac{2}{3}=1\frac{2}{3}$$

3에서 1만큼을 $\frac{3}{3}$으로 바꾸기

방법 ② 자연수와 대분수를 가분수로 바꾸어 빼기

$$3-1\frac{1}{3}=\frac{9}{3}-\frac{4}{3}=\frac{5}{3}=1\frac{2}{3}$$

가분수 → 대분수

○ 계산해 보세요.

① $2-1\frac{2}{3}=$

② $5-2\frac{1}{4}=$

③ $4-1\frac{3}{5}=$

④ $7-4\frac{5}{6}=$

⑤ $4-1\frac{1}{7}=$

⑥ $5-1\frac{5}{7}=$

⑦ $3-1\frac{3}{8}=$

⑧ $6-2\frac{7}{9}=$

⑨ $8-3\frac{4}{9}=$

⑩ $5-4\frac{9}{10}=$

⑪ $8-5\frac{3}{10}=$

⑫ $4-1\frac{7}{11}=$

⑬ $3 - 1\dfrac{8}{12} =$

⑭ $8 - 2\dfrac{5}{12} =$

⑮ $4 - 3\dfrac{4}{13} =$

⑯ $6 - 1\dfrac{11}{14} =$

⑰ $5 - 2\dfrac{2}{15} =$

⑱ $9 - 7\dfrac{7}{16} =$

⑲ $4 - 1\dfrac{13}{17} =$

⑳ $2 - 1\dfrac{7}{18} =$

㉑ $7 - 1\dfrac{10}{19} =$

㉒ $5 - 3\dfrac{5}{19} =$

㉓ $4 - 1\dfrac{13}{20} =$

㉔ $3 - 1\dfrac{15}{21} =$

㉕ $8 - 5\dfrac{3}{21} =$

㉖ $6 - 3\dfrac{13}{22} =$

㉗ $4 - 1\dfrac{22}{23} =$

㉘ $8 - 4\dfrac{7}{23} =$

㉙ $5 - 2\dfrac{17}{24} =$

㉚ $7 - 6\dfrac{19}{25} =$

㉛ $3 - 1\dfrac{8}{27} =$

㉜ $9 - 1\dfrac{25}{28} =$

㉝ $4 - 2\dfrac{18}{29} =$

○ 계산해 보세요.

(34) $4 - 1\dfrac{1}{5} =$

(35) $3 - 1\dfrac{3}{6} =$

(36) $5 - 2\dfrac{6}{7} =$

(37) $8 - 5\dfrac{3}{7} =$

(38) $4 - 2\dfrac{1}{8} =$

(39) $6 - 3\dfrac{5}{8} =$

(40) $3 - 2\dfrac{8}{9} =$

(41) $5 - 3\dfrac{2}{9} =$

(42) $4 - 1\dfrac{7}{10} =$

(43) $9 - 4\dfrac{5}{10} =$

(44) $5 - 2\dfrac{9}{11} =$

(45) $7 - 3\dfrac{6}{11} =$

(46) $4 - 1\dfrac{2}{12} =$

(47) $6 - 3\dfrac{11}{12} =$

(48) $8 - 1\dfrac{4}{13} =$

(49) $6 - 4\dfrac{12}{13} =$

(50) $4 - 1\dfrac{8}{14} =$

(51) $5 - 2\dfrac{9}{15} =$

(52) $3 - 1\dfrac{13}{16} =$

(53) $7 - 6\dfrac{4}{17} =$

(54) $6 - 2\dfrac{10}{18} =$

55　$4 - 1\dfrac{6}{19} =$

56　$9 - 4\dfrac{17}{20} =$

57　$3 - 1\dfrac{8}{21} =$

58　$5 - 2\dfrac{3}{21} =$

59　$6 - 3\dfrac{15}{22} =$

60　$7 - 5\dfrac{19}{23} =$

61　$5 - 1\dfrac{7}{25} =$

62　$6 - 2\dfrac{14}{27} =$

63　$4 - 1\dfrac{4}{29} =$

64　$5 - 4\dfrac{23}{31} =$

65　$3 - 1\dfrac{8}{33} =$

66　$8 - 5\dfrac{11}{34} =$

67　$5 - 2\dfrac{22}{35} =$

68　$6 - 1\dfrac{17}{36} =$

69　$7 - 6\dfrac{33}{37} =$

70　$5 - 1\dfrac{15}{38} =$

71　$4 - 2\dfrac{24}{41} =$

72　$9 - 4\dfrac{33}{43} =$

73　$8 - 7\dfrac{15}{44} =$

74　$3 - 1\dfrac{22}{46} =$

75　$5 - 3\dfrac{36}{49} =$

15 계산 Plus+

(자연수) − (분수)

○ 빈칸에 알맞은 수를 써넣으세요.

1 1 $-\dfrac{4}{7}$ □

$1-\dfrac{4}{7}$ 를
계산해요.

2 1 $-\dfrac{9}{10}$ □

3 1 $-\dfrac{7}{15}$ □

4 6 $-\dfrac{1}{4}$ □

5 9 $-\dfrac{7}{9}$ □

6 3 $-\dfrac{6}{11}$ □

7 5 $-3\dfrac{2}{5}$ □

8 8 $-1\dfrac{8}{14}$ □

9　1 ➡ $-\dfrac{3}{5}$ ➡ ☐

$1-\dfrac{3}{5}$ 을 계산해요.

14　5 ➡ $-\dfrac{10}{17}$ ➡ ☐

10　1 ➡ $-\dfrac{6}{8}$ ➡ ☐

15　7 ➡ $-1\dfrac{5}{6}$ ➡ ☐

11　1 ➡ $-\dfrac{5}{13}$ ➡ ☐

16　3 ➡ $-1\dfrac{4}{8}$ ➡ ☐

12　2 ➡ $-\dfrac{2}{6}$ ➡ ☐

17　6 ➡ $-5\dfrac{4}{11}$ ➡ ☐

13　4 ➡ $-\dfrac{9}{12}$ ➡ ☐

18　8 ➡ $-3\dfrac{13}{15}$ ➡ ☐

사다리를 타고 내려가서 도착한 곳에 계산 결과를 써넣으세요. (단, 사다리 타기는 사다리를 따라 내려가다가 가로로 놓인 선을 만날 때마다 가로선을 따라 꺾어서 맨 아래까지 내려가는 놀이입니다.)

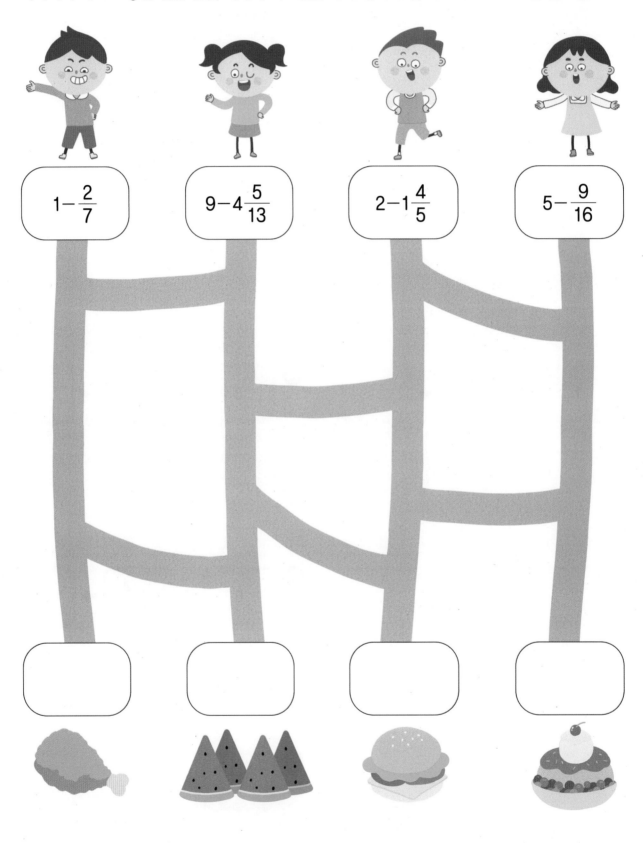

$1 - \dfrac{2}{7}$ $9 - 4\dfrac{5}{13}$ $2 - 1\dfrac{4}{5}$ $5 - \dfrac{9}{16}$

◎ 태민이와 하나가 퍼즐을 완성했습니다.

계산 결과가 $1\dfrac{5}{11}$ 보다 작은 퍼즐 조각을 모두 찾아 ◯표 하세요.

$9-7\dfrac{10}{11}$

$3-\dfrac{9}{11}$

$4-2\dfrac{7}{11}$

$2-\dfrac{5}{11}$

$1-\dfrac{4}{11}$

$5-1\dfrac{9}{11}$

$6-5\dfrac{2}{11}$

$8-6\dfrac{6}{11}$

$2-\dfrac{8}{11}$

16 진분수 부분끼리 뺄 수 없고 분모가 같은 (대분수)－(대분수)

● $3\frac{2}{5}-1\frac{4}{5}$의 계산

방법 ① 자연수는 자연수끼리, 진분수는 진분수끼리 빼기

$$3\frac{2}{5}-1\frac{4}{5}=2\frac{7}{5}-1\frac{4}{5}=(2-1)+\left(\frac{7}{5}-\frac{4}{5}\right)=1+\frac{3}{5}=1\frac{3}{5}$$

방법 ② 대분수를 가분수로 바꾸어 빼기

$$3\frac{2}{5}-1\frac{4}{5}=\frac{17}{5}-\frac{9}{5}=\frac{8}{5}=1\frac{3}{5}$$

가분수 → 대분수

○ 계산해 보세요.

1 $3\frac{1}{3}-1\frac{2}{3}=$

2 $5\frac{2}{4}-1\frac{3}{4}=$

3 $4\frac{2}{5}-2\frac{4}{5}=$

4 $7\frac{4}{6}-4\frac{5}{6}=$

5 $3\frac{5}{7}-1\frac{6}{7}=$

6 $4\frac{1}{7}-1\frac{5}{7}=$

7 $9\frac{3}{8}-5\frac{7}{8}=$

8 $5\frac{2}{9}-2\frac{7}{9}=$

9 $6\frac{5}{9}-5\frac{8}{9}=$

10 $4\frac{3}{10}-2\frac{7}{10}=$

11 $5\frac{6}{11}-1\frac{10}{11}=$

12 $8\frac{7}{11}-4\frac{9}{11}=$

⑬ $3\dfrac{1}{12} - 1\dfrac{6}{12} =$

⑭ $5\dfrac{5}{12} - 3\dfrac{11}{12} =$

⑮ $4\dfrac{6}{13} - 1\dfrac{12}{13} =$

⑯ $7\dfrac{4}{13} - 4\dfrac{7}{13} =$

⑰ $5\dfrac{11}{14} - 2\dfrac{12}{14} =$

⑱ $4\dfrac{3}{15} - 3\dfrac{9}{15} =$

⑲ $9\dfrac{7}{16} - 7\dfrac{10}{16} =$

⑳ $5\dfrac{8}{17} - 3\dfrac{14}{17} =$

㉑ $6\dfrac{2}{19} - 2\dfrac{8}{19} =$

㉒ $8\dfrac{10}{19} - 5\dfrac{15}{19} =$

㉓ $3\dfrac{7}{20} - 2\dfrac{17}{20} =$

㉔ $5\dfrac{4}{21} - 2\dfrac{12}{21} =$

㉕ $3\dfrac{15}{22} - 1\dfrac{17}{22} =$

㉖ $4\dfrac{6}{23} - 1\dfrac{11}{23} =$

㉗ $9\dfrac{9}{23} - 3\dfrac{20}{23} =$

㉘ $4\dfrac{13}{24} - 1\dfrac{16}{24} =$

㉙ $3\dfrac{19}{25} - 1\dfrac{24}{25} =$

㉚ $6\dfrac{4}{27} - 3\dfrac{15}{27} =$

㉛ $7\dfrac{14}{27} - 2\dfrac{19}{27} =$

㉜ $8\dfrac{21}{29} - 5\dfrac{26}{29} =$

㉝ $5\dfrac{13}{30} - 1\dfrac{22}{30} =$

○ 계산해 보세요.

34. $3\dfrac{1}{5} - 1\dfrac{3}{5} =$

35. $5\dfrac{2}{6} - 2\dfrac{5}{6} =$

36. $4\dfrac{3}{7} - 1\dfrac{4}{7} =$

37. $9\dfrac{2}{7} - 4\dfrac{5}{7} =$

38. $5\dfrac{2}{8} - 1\dfrac{3}{8} =$

39. $7\dfrac{5}{8} - 3\dfrac{7}{8} =$

40. $3\dfrac{1}{9} - 1\dfrac{4}{9} =$

41. $6\dfrac{4}{9} - 3\dfrac{5}{9} =$

42. $4\dfrac{7}{10} - 1\dfrac{8}{10} =$

43. $5\dfrac{5}{11} - 1\dfrac{7}{11} =$

44. $8\dfrac{3}{11} - 2\dfrac{6}{11} =$

45. $5\dfrac{9}{12} - 4\dfrac{10}{12} =$

46. $3\dfrac{2}{13} - 1\dfrac{12}{13} =$

47. $7\dfrac{6}{13} - 3\dfrac{7}{13} =$

48. $4\dfrac{9}{14} - 3\dfrac{11}{14} =$

49. $5\dfrac{7}{15} - 1\dfrac{10}{15} =$

50. $6\dfrac{13}{16} - 3\dfrac{14}{16} =$

51. $7\dfrac{1}{17} - 5\dfrac{13}{17} =$

52. $9\dfrac{4}{17} - 2\dfrac{7}{17} =$

53. $4\dfrac{9}{18} - 1\dfrac{15}{18} =$

54. $5\dfrac{10}{19} - 3\dfrac{13}{19} =$

(55) $8\frac{3}{20}-6\frac{17}{20}=$

(56) $3\frac{12}{21}-1\frac{19}{21}=$

(57) $5\frac{5}{22}-2\frac{13}{22}=$

(58) $9\frac{15}{23}-4\frac{21}{23}=$

(59) $4\frac{6}{25}-1\frac{23}{25}=$

(60) $5\frac{7}{26}-2\frac{11}{26}=$

(61) $4\frac{2}{27}-1\frac{5}{27}=$

(62) $5\frac{21}{28}-3\frac{25}{28}=$

(63) $7\frac{10}{29}-2\frac{22}{29}=$

(64) $4\frac{20}{31}-3\frac{27}{31}=$

(65) $6\frac{4}{33}-1\frac{14}{33}=$

(66) $5\frac{11}{34}-2\frac{25}{34}=$

(67) $9\frac{27}{36}-8\frac{33}{36}=$

(68) $8\frac{21}{37}-3\frac{26}{37}=$

(69) $3\frac{8}{39}-1\frac{14}{39}=$

(70) $4\frac{24}{41}-1\frac{31}{41}=$

(71) $8\frac{15}{42}-5\frac{41}{42}=$

(72) $5\frac{19}{43}-4\frac{22}{43}=$

(73) $9\frac{34}{44}-2\frac{37}{44}=$

(74) $4\frac{5}{47}-1\frac{28}{47}=$

(75) $6\frac{17}{50}-3\frac{43}{50}=$

17 분모가 같은 (대분수) − (가분수)

$3\dfrac{2}{3} - \dfrac{4}{3}$ 의 계산

방법 ① 가분수를 대분수로 바꾸어 빼기

$$3\dfrac{2}{3} - \dfrac{4}{3} = 3\dfrac{2}{3} - 1\dfrac{1}{3} = (3-1) + \left(\dfrac{2}{3} - \dfrac{1}{3}\right) = 2 + \dfrac{1}{3} = 2\dfrac{1}{3}$$

방법 ② 대분수를 가분수로 바꾸어 빼기

$$3\dfrac{2}{3} - \dfrac{4}{3} = \dfrac{11}{3} - \dfrac{4}{3} = \dfrac{7}{3} = 2\dfrac{1}{3}$$

가분수 → 대분수

◯ 계산해 보세요.

① $3\dfrac{3}{4} - \dfrac{5}{4} =$

⑤ $2\dfrac{3}{7} - \dfrac{16}{7} =$

⑨ $4\dfrac{2}{9} - \dfrac{14}{9} =$

② $4\dfrac{1}{5} - \dfrac{9}{5} =$

⑥ $6\dfrac{6}{7} - \dfrac{10}{7} =$

⑩ $8\dfrac{5}{9} - \dfrac{35}{9} =$

③ $5\dfrac{4}{5} - \dfrac{7}{5} =$

⑦ $3\dfrac{5}{8} - \dfrac{10}{8} =$

⑪ $5\dfrac{9}{10} - \dfrac{23}{10} =$

④ $9\dfrac{5}{6} - \dfrac{7}{6} =$

⑧ $7\dfrac{7}{8} - \dfrac{21}{8} =$

⑫ $6\dfrac{4}{11} - \dfrac{15}{11} =$

⑬ $7\dfrac{8}{11} - \dfrac{25}{11} =$

⑭ $3\dfrac{11}{12} - \dfrac{19}{12} =$

⑮ $4\dfrac{5}{13} - \dfrac{15}{13} =$

⑯ $9\dfrac{7}{13} - \dfrac{35}{13} =$

⑰ $5\dfrac{7}{14} - \dfrac{24}{14} =$

⑱ $6\dfrac{10}{15} - \dfrac{63}{15} =$

⑲ $2\dfrac{13}{16} - \dfrac{30}{16} =$

⑳ $4\dfrac{12}{17} - \dfrac{21}{17} =$

㉑ $8\dfrac{4}{18} - \dfrac{21}{18} =$

㉒ $5\dfrac{15}{19} - \dfrac{43}{19} =$

㉓ $3\dfrac{9}{20} - \dfrac{31}{20} =$

㉔ $7\dfrac{13}{20} - \dfrac{85}{20} =$

㉕ $4\dfrac{10}{21} - \dfrac{36}{21} =$

㉖ $6\dfrac{6}{21} - \dfrac{45}{21} =$

㉗ $3\dfrac{5}{22} - \dfrac{69}{22} =$

㉘ $7\dfrac{12}{23} - \dfrac{42}{23} =$

㉙ $5\dfrac{21}{24} - \dfrac{53}{24} =$

㉚ $4\dfrac{2}{25} - \dfrac{57}{25} =$

㉛ $4\dfrac{19}{26} - \dfrac{35}{26} =$

㉜ $6\dfrac{23}{28} - \dfrac{44}{28} =$

㉝ $1\dfrac{8}{29} - \dfrac{33}{29} =$

○ 계산해 보세요.

㉞ $\frac{14}{5}-1\frac{2}{5}=$

㉟ $\frac{29}{6}-1\frac{3}{6}=$

㊱ $\frac{20}{7}-1\frac{2}{7}=$

㊲ $\frac{37}{7}-2\frac{5}{7}=$

㊳ $\frac{45}{8}-3\frac{1}{8}=$

㊴ $\frac{79}{8}-1\frac{4}{8}=$

㊵ $\frac{30}{9}-1\frac{7}{9}=$

㊶ $\frac{52}{9}-5\frac{2}{9}=$

㊷ $\frac{79}{9}-1\frac{5}{9}=$

㊸ $\frac{47}{10}-3\frac{3}{10}=$

㊹ $\frac{92}{10}-6\frac{9}{10}=$

㊺ $\frac{56}{11}-1\frac{8}{11}=$

㊻ $\frac{75}{11}-4\frac{5}{11}=$

㊼ $\frac{71}{12}-3\frac{7}{12}=$

㊽ $\frac{44}{13}-1\frac{11}{13}=$

㊾ $\frac{69}{13}-3\frac{6}{13}=$

㊿ $\frac{69}{14}-1\frac{5}{14}=$

(51) $\frac{38}{15}-1\frac{2}{15}=$

(52) $\frac{92}{15}-4\frac{9}{15}=$

(53) $\frac{47}{16}-2\frac{13}{16}=$

(54) $\frac{46}{17}-1\frac{4}{17}=$

55. $\dfrac{91}{17} - 2\dfrac{13}{17} =$

62. $\dfrac{85}{25} - 1\dfrac{23}{25} =$

69. $\dfrac{98}{32} - 1\dfrac{9}{32} =$

56. $\dfrac{60}{18} - 1\dfrac{15}{18} =$

63. $\dfrac{63}{26} - 1\dfrac{3}{26} =$

70. $\dfrac{75}{33} - 1\dfrac{2}{33} =$

57. $\dfrac{68}{19} - 2\dfrac{6}{19} =$

64. $\dfrac{92}{27} - 1\dfrac{6}{27} =$

71. $\dfrac{90}{35} - 1\dfrac{12}{35} =$

58. $\dfrac{91}{20} - 4\dfrac{7}{20} =$

65. $\dfrac{99}{28} - 2\dfrac{13}{28} =$

72. $\dfrac{82}{36} - 1\dfrac{7}{36} =$

59. $\dfrac{88}{21} - 1\dfrac{9}{21} =$

66. $\dfrac{83}{29} - 1\dfrac{20}{29} =$

73. $\dfrac{91}{37} - 2\dfrac{15}{37} =$

60. $\dfrac{71}{22} - 1\dfrac{17}{22} =$

67. $\dfrac{97}{30} - 1\dfrac{15}{30} =$

74. $\dfrac{88}{39} - 1\dfrac{4}{39} =$

61. $\dfrac{78}{23} - 2\dfrac{1}{23} =$

68. $\dfrac{92}{31} - 2\dfrac{27}{31} =$

75. $\dfrac{96}{40} - 1\dfrac{33}{40} =$

어떤 수 구하기

원리 **덧셈식을 뺄셈식으로 나타내기**

$$■ + ▲ = ● \rightarrow \begin{cases} ■ = ● - ▲ \\ ▲ = ● - ■ \end{cases}$$

▽

적용 **덧셈식의 어떤 수(□) 구하기**

· $\dfrac{2}{7} + \boxed{} = \dfrac{5}{7} \rightarrow \boxed{} = \dfrac{5}{7} - \dfrac{2}{7} = \dfrac{3}{7}$

· $\boxed{} + \dfrac{3}{7} = \dfrac{5}{7} \rightarrow \boxed{} = \dfrac{5}{7} - \dfrac{3}{7} = \dfrac{2}{7}$

원리 **뺄셈식을 덧셈식으로 나타내기**

$$● - ▲ = ■ \rightarrow \begin{cases} ● = ■ + ▲ \\ ● = ▲ + ■ \end{cases}$$

▽

적용 **뺄셈식의 어떤 수(□) 구하기**

· $\dfrac{5}{7} - \boxed{} = \dfrac{2}{7} \rightarrow \dfrac{2}{7} + \boxed{} = \dfrac{5}{7}$

$\rightarrow \boxed{} = \dfrac{5}{7} - \dfrac{2}{7} = \dfrac{3}{7}$

· $\boxed{} - \dfrac{3}{7} = \dfrac{2}{7} \rightarrow \boxed{} = \dfrac{2}{7} + \dfrac{3}{7} = \dfrac{5}{7}$

◎ 어떤 수(□)를 구하려고 합니다. 빈칸에 알맞은 수를 써넣으세요.

1 $\dfrac{3}{5} + \boxed{} = \dfrac{4}{5}$

$\dfrac{4}{5} - \dfrac{3}{5} = \boxed{}$

3 $\boxed{} + \dfrac{7}{10} = 5$

$5 - \dfrac{7}{10} = \boxed{}$

2 $1\dfrac{2}{9} + \boxed{} = 3\dfrac{7}{9}$

$3\dfrac{7}{9} - 1\dfrac{2}{9} = \boxed{}$

4 $\boxed{} + 3\dfrac{5}{8} = 8\dfrac{3}{8}$

$8\dfrac{3}{8} - 3\dfrac{5}{8} = \boxed{}$

⑤ $\dfrac{13}{15} - \boxed{} = \dfrac{9}{15}$

$\dfrac{13}{15} - \dfrac{9}{15} = \boxed{}$

⑩ $\boxed{} - \dfrac{2}{8} = \dfrac{5}{8}$

$\dfrac{5}{8} + \dfrac{2}{8} = \boxed{}$

⑥ $9\dfrac{9}{19} - \boxed{} = 5\dfrac{2}{19}$

$9\dfrac{9}{19} - 5\dfrac{2}{19} = \boxed{}$

⑪ $\boxed{} - \dfrac{10}{13} = \dfrac{7}{13}$

$\dfrac{7}{13} + \dfrac{10}{13} = \boxed{}$

⑦ $1 - \boxed{} = \dfrac{3}{9}$

$1 - \dfrac{3}{9} = \boxed{}$

⑫ $\boxed{} - 5\dfrac{1}{10} = 1\dfrac{3}{10}$

$1\dfrac{3}{10} + 5\dfrac{1}{10} = \boxed{}$

⑧ $6 - \boxed{} = 2\dfrac{6}{7}$

$6 - 2\dfrac{6}{7} = \boxed{}$

⑬ $\boxed{} - 3\dfrac{5}{6} = 4\dfrac{5}{6}$

$4\dfrac{5}{6} + 3\dfrac{5}{6} = \boxed{}$

⑨ $5\dfrac{2}{4} - \boxed{} = 1\dfrac{3}{4}$

$5\dfrac{2}{4} - 1\dfrac{3}{4} = \boxed{}$

⑭ $\boxed{} - \dfrac{17}{3} = 2\dfrac{2}{3}$

$2\dfrac{2}{3} + \dfrac{17}{3} = \boxed{}$

○ 어떤 수($\square$)를 구하려고 합니다. 빈칸에 알맞은 수를 써넣으세요.

15 $\dfrac{7}{10} + \boxed{} = \dfrac{9}{10}$

21 $\boxed{} + \dfrac{4}{8} = \dfrac{7}{8}$

16 $4\dfrac{2}{7} + \boxed{} = 6\dfrac{5}{7}$

22 $\boxed{} + 2\dfrac{5}{14} = 3\dfrac{11}{14}$

17 $\dfrac{8}{15} + \boxed{} = 1$

23 $\boxed{} + \dfrac{7}{18} = 5$

18 $\dfrac{4}{5} + \boxed{} = 4$

24 $\boxed{} + 3\dfrac{2}{3} = 5$

19 $2\dfrac{7}{12} + \boxed{} = 9$

25 $\boxed{} + 2\dfrac{6}{13} = 3\dfrac{2}{13}$

20 $1\dfrac{5}{9} + \boxed{} = 5\dfrac{3}{9}$

26 $\boxed{} + 5\dfrac{4}{7} = \dfrac{69}{7}$

27 $\dfrac{15}{19} - \boxed{} = \dfrac{8}{19}$

33 $\boxed{} - \dfrac{4}{12} = \dfrac{7}{12}$

28 $9\dfrac{7}{9} - \boxed{} = 6\dfrac{1}{9}$

34 $\boxed{} - \dfrac{7}{8} = \dfrac{3}{8}$

29 $1 - \boxed{} = \dfrac{6}{17}$

35 $\boxed{} - 3\dfrac{2}{13} = 1\dfrac{6}{13}$

30 $5 - \boxed{} = \dfrac{2}{6}$

36 $\boxed{} - 4\dfrac{5}{9} = 4\dfrac{4}{9}$

31 $6 - \boxed{} = 5\dfrac{2}{7}$

37 $\boxed{} - 2\dfrac{7}{10} = 4\dfrac{4}{10}$

32 $7\dfrac{2}{5} - \boxed{} = \dfrac{19}{5}$

38 $\boxed{} - \dfrac{21}{4} = 1\dfrac{2}{4}$

계산 Plus+

분모가 같은 (대분수) − (대분수), (대분수) − (가분수)

○ 빈칸에 알맞은 수를 써넣으세요.

1
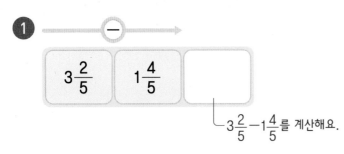

$3\frac{2}{5}$ $1\frac{4}{5}$

$3\frac{2}{5}-1\frac{4}{5}$ 를 계산해요.

2

$9\frac{5}{8}$ $5\frac{6}{8}$

3

$7\frac{3}{11}$ $2\frac{8}{11}$

4

$4\frac{1}{17}$ $1\frac{12}{17}$

5
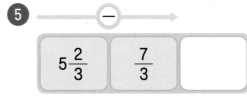

$5\frac{2}{3}$ $\frac{7}{3}$

6
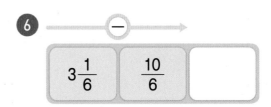

$3\frac{1}{6}$ $\frac{10}{6}$

7
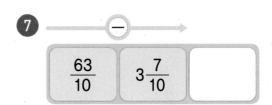

$\frac{63}{10}$ $3\frac{7}{10}$

8
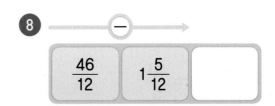

$\frac{46}{12}$ $1\frac{5}{12}$

9

$5\frac{1}{4}$

$-2\frac{3}{4}$

$5\frac{1}{4}-2\frac{3}{4}$ 을 계산해요.

10

$3\frac{4}{9}$

$-1\frac{7}{9}$

11

$8\frac{9}{15}$

$-4\frac{11}{15}$

12

$4\frac{3}{5}$

$-\frac{16}{5}$

13

$6\frac{2}{7}$

$-\frac{25}{7}$

14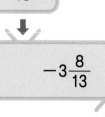

$\frac{76}{13}$

$-3\frac{8}{13}$

○ 준수가 병원에 가려고 합니다.

계산 결과가 맞으면 ➡ , 틀리면 ➡ 를 따라갈 때 도착하는 병원에 ○표 하세요.

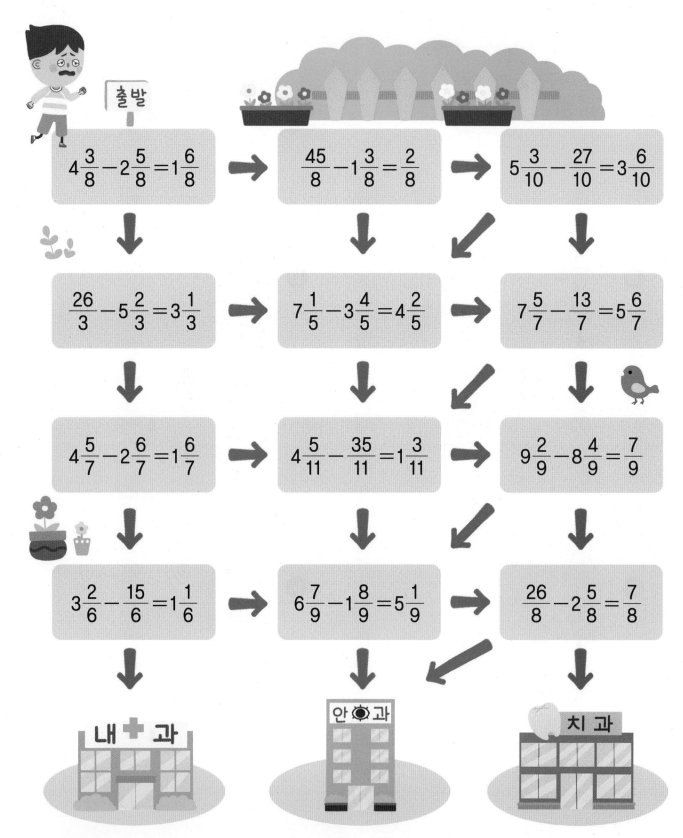

출발

$4\dfrac{3}{8} - 2\dfrac{5}{8} = 1\dfrac{6}{8}$

$\dfrac{45}{8} - 1\dfrac{3}{8} = \dfrac{2}{8}$

$5\dfrac{3}{10} - \dfrac{27}{10} = 3\dfrac{6}{10}$

$\dfrac{26}{3} - 5\dfrac{2}{3} = 3\dfrac{1}{3}$

$7\dfrac{1}{5} - 3\dfrac{4}{5} = 4\dfrac{2}{5}$

$7\dfrac{5}{7} - \dfrac{13}{7} = 5\dfrac{6}{7}$

$4\dfrac{5}{7} - 2\dfrac{6}{7} = 1\dfrac{6}{7}$

$4\dfrac{5}{11} - \dfrac{35}{11} = 1\dfrac{3}{11}$

$9\dfrac{2}{9} - 8\dfrac{4}{9} = \dfrac{7}{9}$

$3\dfrac{2}{6} - \dfrac{15}{6} = 1\dfrac{1}{6}$

$6\dfrac{7}{9} - 1\dfrac{8}{9} = 5\dfrac{1}{9}$

$\dfrac{26}{8} - 2\dfrac{5}{8} = \dfrac{7}{8}$

내 과

안과

치과

꿀벌이 계산 결과가 $1\frac{5}{7}$인 꽃의 꿀을 따서 벌집으로 가려고 합니다.

꿀벌이 꿀을 딸 수 있는 꽃을 모두 찾아 색칠해 보세요.

$$\frac{23}{7} - 1\frac{4}{7}$$

$$9\frac{4}{7} - 7\frac{6}{7}$$

$$7\frac{5}{7} - 5\frac{6}{7}$$

$$\frac{34}{7} - 3\frac{1}{7}$$

$$5\frac{3}{7} - 2\frac{5}{7}$$

$$6\frac{2}{7} - 4\frac{4}{7}$$

$$4\frac{1}{7} - \frac{18}{7}$$

20 분수의 뺄셈 평가

○ 계산해 보세요.

1 $\dfrac{7}{8} - \dfrac{3}{8} =$

6 $1 - \dfrac{2}{5} =$

2 $\dfrac{11}{15} - \dfrac{6}{15} =$

7 $1 - \dfrac{9}{14} =$

3 $4\dfrac{5}{6} - 2\dfrac{1}{6} =$

8 $3 - \dfrac{5}{6} =$

4 $7\dfrac{9}{10} - 1\dfrac{5}{10} =$

9 $8 - \dfrac{8}{13} =$

5 $5\dfrac{16}{19} - 3\dfrac{10}{19} =$

10 $4 - 1\dfrac{3}{4} =$

⑪ $9 - 4\dfrac{6}{11} =$

⑫ $5\dfrac{1}{5} - 3\dfrac{3}{5} =$

⑬ $3\dfrac{4}{9} - 1\dfrac{8}{9} =$

⑭ $8\dfrac{11}{16} - 2\dfrac{13}{16} =$

⑮ $6\dfrac{1}{3} - \dfrac{14}{3} =$

⑯ $\dfrac{69}{12} - 1\dfrac{7}{12} =$

○ 빈칸에 알맞은 수를 써넣으세요.

⑰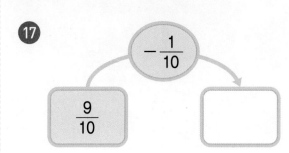

⑱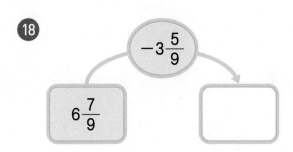

⑲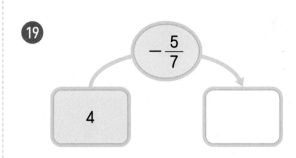

⑳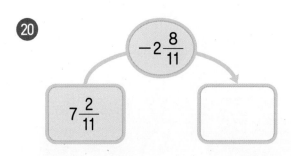

3 소수

소수 두 자리 수와 소수 세 자리 수를 이해하고,
소수의 크기를 비교하는 훈련이 중요한

21 소수 두 자리 수, 소수 세 자리 수

22 소수 사이의 관계

23 소수의 크기 비교

24 계산 Plus+

25 소수 평가

소수 두 자리 수, 소수 세 자리 수

⬤ 소수 두 자리 수

$$\frac{1}{100} \xrightarrow{\text{소수로}} \boxed{\text{쓰기}} \ 0.01$$
$$\boxed{\text{읽기}} \ \text{영 점 영일}$$

⬤ 소수 세 자리 수

$$\frac{1}{1000} \xrightarrow{\text{소수로}} \boxed{\text{쓰기}} \ 0.001$$
$$\boxed{\text{읽기}} \ \text{영 점 영영일}$$

⬤ 소수 두 자리 수의 자릿값

1.97의 자릿값

- 일의 자리 숫자, 나타내는 수: 1
- 소수 첫째 자리 숫자, 나타내는 수: 0.9
- 소수 둘째 자리 숫자, 나타내는 수: 0.07

⬤ 소수 세 자리 수의 자릿값

2.174의 자릿값

- 일의 자리 숫자, 나타내는 수: 2
- 소수 첫째 자리 숫자, 나타내는 수: 0.1
- 소수 둘째 자리 숫자, 나타내는 수: 0.07
- 소수 셋째 자리 숫자, 나타내는 수: 0.004

⬤ 분수를 소수로 나타내고 읽어 보세요.

❶ $\dfrac{3}{100} = \boxed{}$

읽기 _____

❷ $\dfrac{9}{100} = \boxed{}$

읽기 _____

❸ $\dfrac{7}{1000} = \boxed{}$

읽기 _____

❹ $\dfrac{19}{1000} = \boxed{}$

읽기 _____

5 $\dfrac{26}{100} =$ ⬚

읽기 _____

6 $\dfrac{52}{100} =$ ⬚

읽기 _____

7 $\dfrac{75}{100} =$ ⬚

읽기 _____

8 $1\dfrac{85}{100} =$ ⬚

읽기 _____

9 $4\dfrac{94}{100} =$ ⬚

읽기 _____

10 $\dfrac{78}{1000} =$ ⬚

읽기 _____

11 $\dfrac{146}{1000} =$ ⬚

읽기 _____

12 $\dfrac{749}{1000} =$ ⬚

읽기 _____

13 $2\dfrac{362}{1000} =$ ⬚

읽기 _____

14 $6\dfrac{753}{1000} =$ ⬚

읽기 _____

● 소수로 나타내어 보세요.

15 0.01이 5개인 수

(   )

16 0.01이 13개인 수

(   )

17 0.01이 34개인 수

(   )

18 0.01이 62개인 수

(   )

19 0.01이 217개인 수

(   )

20 0.01이 529개인 수

(   )

21 0.001이 8개인 수

(   )

22 0.001이 27개인 수

(   )

23 0.001이 91개인 수

(   )

24 0.001이 382개인 수

(   )

25 0.001이 4675개인 수

(   )

26 0.001이 7513개인 수

(   )

◉ ☐ 안에 알맞은 수나 말을 써넣으세요.

㉗ 0.16에서 6은 [   ] 자리 숫자이고, [   ] 을(를) 나타냅니다.

㉝ 0.548에서 8은 [   ] 자리 숫자이고, [   ] 을(를) 나타냅니다.

㉘ 0.93에서 9는 [   ] 자리 숫자이고, [   ] 을(를) 나타냅니다.

㉞ 2.375에서 7은 [   ] 자리 숫자이고, [   ] 을(를) 나타냅니다.

㉙ 3.17에서 7은 [   ] 자리 숫자이고, [   ] 을(를) 나타냅니다.

㉟ 6.214에서 6은 [   ] 자리 숫자이고, [   ] 을(를) 나타냅니다.

㉚ 8.63에서 8은 [   ] 자리 숫자이고, [   ] 을(를) 나타냅니다.

㊱ 7.892에서 8은 [   ] 자리 숫자이고, [   ] 을(를) 나타냅니다.

㉛ 11.45에서 5는 [   ] 자리 숫자이고, [   ] 을(를) 나타냅니다.

㊲ 12.309에서 3은 [   ] 자리 숫자이고, [   ] 을(를) 나타냅니다.

㉜ 18.72에서 7은 [   ] 자리 숫자이고, [   ] 을(를) 나타냅니다.

㊳ 15.642에서 2는 [   ] 자리 숫자이고, [   ] 을(를) 나타냅니다.

소수 사이의 관계

1, 0.1, 0.01, 0.001 사이의 관계

- 소수를 10배 하면 소수점을 기준으로 수가 왼쪽으로 한 자리씩 이동합니다.

- 소수의 $\frac{1}{10}$ 을 구하면 소수점을 기준으로 수가 오른쪽으로 한 자리씩 이동합니다.

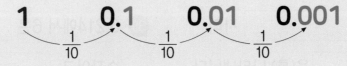

⭕ 빈칸에 알맞은 수를 써넣으세요.

1
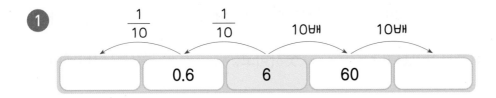

2
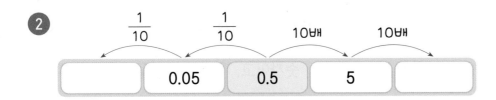

3
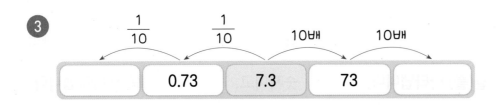

4

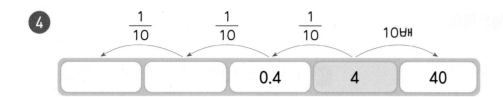

5

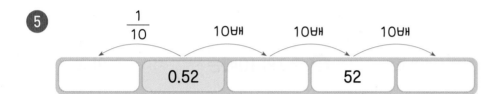

6

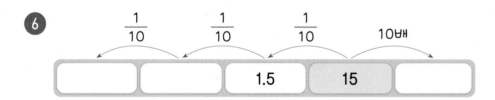

7

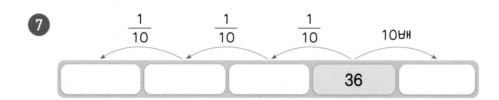

8

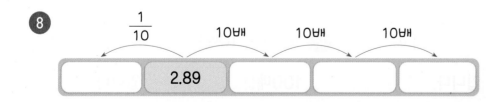

◎ ☐ 안에 알맞은 수를 써넣으세요.

9 0.002의 10배는 [   ] 이고,

100배는 [   ] 입니다.

10 0.028의 10배는 [   ] 이고,

100배는 [   ] 입니다.

11 0.09의 10배는 [   ] 이고,

100배는 [   ] 입니다.

12 0.43의 10배는 [   ] 이고,

100배는 [   ] 입니다.

13 0.768의 10배는 [   ] 이고,

100배는 [   ] 입니다.

14 1.952의 10배는 [   ] 이고,

100배는 [   ] 입니다.

15 2.7의 10배는 [   ] 이고,

100배는 [   ] 입니다.

16 6.351의 10배는 [   ] 이고,

100배는 [   ] 입니다.

17 13.804의 10배는 [   ] 이고,

100배는 [   ] 입니다.

18 16.95의 10배는 [   ] 이고,

100배는 [   ] 입니다.

⑲ 1.2의 $\frac{1}{10}$은 [　　　]이고,

$\frac{1}{100}$은 [　　　]입니다.

⑳ 3.5의 $\frac{1}{10}$은 [　　　]이고,

$\frac{1}{100}$은 [　　　]입니다.

㉑ 16의 $\frac{1}{10}$은 [　　　]이고,

$\frac{1}{100}$은 [　　　]입니다.

㉒ 20.5의 $\frac{1}{10}$은 [　　　]이고,

$\frac{1}{100}$은 [　　　]입니다.

㉓ 32.8의 $\frac{1}{10}$은 [　　　]이고,

$\frac{1}{100}$은 [　　　]입니다.

㉔ 43의 $\frac{1}{10}$은 [　　　]이고,

$\frac{1}{100}$은 [　　　]입니다.

㉕ 76.4의 $\frac{1}{10}$은 [　　　]이고,

$\frac{1}{100}$은 [　　　]입니다.

㉖ 278의 $\frac{1}{10}$은 [　　　]이고,

$\frac{1}{100}$은 [　　　]입니다.

㉗ 509의 $\frac{1}{10}$은 [　　　]이고,

$\frac{1}{100}$은 [　　　]입니다.

㉘ 867의 $\frac{1}{10}$은 [　　　]이고,

$\frac{1}{100}$은 [　　　]입니다.

23 소수의 크기 비교

- 자연수 부분을 먼저 비교합니다.
- 자연수 부분이 같으면 **소수 첫째 자리 → 소수 둘째 자리 → 소수 셋째 자리** 순서대로 비교합니다.

$$3.57 > 2.94$$
3>2

$$3.428 < 3.612$$
4<6

$$4.572 > 4.538$$
7>3

$$2.125 < 2.129$$
5<9

◉ 두 수의 크기를 비교하여 ◯ 안에 >, =, <를 알맞게 써넣으세요.

1 0.67 ◯ 0.83

4 1.904 ◯ 1.795

7 0.29 ◯ 0.7

2 3.52 ◯ 3.49

5 5.513 ◯ 5.486

8 5.263 ◯ 5.19

3 8.45 ◯ 9.02

6 9.163 ◯ 9.135

9 10.654 ◯ 10.6

10 0.88 ◯ 0.92

11 2.32 ◯ 2.34

12 6.72 ◯ 6.78

13 9.52 ◯ 8.52

14 13.47 ◯ 12.95

15 14.56 ◯ 17.71

16 16.84 ◯ 16.87

17 1.452 ◯ 1.439

18 2.731 ◯ 2.736

19 7.695 ◯ 7.759

20 10.251 ◯ 10.249

21 14.613 ◯ 14.582

22 15.032 ◯ 15.804

23 18.018 ◯ 18.065

24 1.407 ◯ 0.89

25 4.52 ◯ 4.537

26 8.34 ◯ 8.065

27 11.127 ◯ 11.09

28 13.2 ◯ 11.695

29 16.912 ◯ 18.3

30 19.258 ◯ 19.91

● 두 수 중 더 큰 수에 ◯표 하세요.

31 0.75   0.82

32 3.51   4.08

33 6.09   5.53

34 11.42   11.27

35 16.72   16.84

36 2.542   2.547

37 5.236   4.825

38 9.014   9.104

39 15.406   14.769

40 17.928   17.925

41 0.43   0.297

42 7.625   7.57

43 10.03   10.032

44 18.5   17.507

○ 두 수 중 더 작은 수에 △표 하세요.

45 　0.59　　0.72

46 　2.36　　2.56

47 　6.45　　3.92

48 　11.63　　11.38

49 　14.85　　16.09

50 　0.625　　0.941

51 　3.246　　3.251

52 　7.159　　7.154

53 　13.969　　13.873

54 　19.047　　19.164

55 　5.46　　5.736

56 　9.645　　8.7

57 　12.014　　12.52

58 　15.37　　14.8

24 계산 Plus+

소수

○ ☐ 안에 알맞은 수를 써넣으세요.

1
1이 1개 ┐
0.1이 3개 ├ ⇨ ☐
0.01이 4개 ┘

5
3.47 ⇨ ┌ 1이 3 개
├ 0.1이 ☐ 개
└ 0.01이 ☐ 개

2
1이 2개 ┐
0.1이 7개 ├ ⇨ ☐
0.01이 5개 ┘

6
4.29 ⇨ ┌ 1이 ☐ 개
├ 0.1이 2 개
└ 0.01이 ☐ 개

3
1이 5개 ┐
0.1이 6개 ├
0.01이 2개 ├ ⇨ ☐
0.001이 4개 ┘

7
6.753 ⇨ ┌ 1이 6 개
├ 0.1이 ☐ 개
├ 0.01이 5 개
└ 0.001이 ☐ 개

4
1이 8개 ┐
0.1이 4개 ├
0.01이 9개 ├ ⇨ ☐
0.001이 7개 ┘

8
9.614 ⇨ ┌ 1이 9 개
├ 0.1이 6 개
├ 0.01이 ☐ 개
└ 0.001이 ☐ 개

○ 빈칸에 알맞은 수를 써넣으세요.

9 10배　0.35 →

10 10배　0.742 →

11 10배　2.608 →

12 100배　4.63 →

13 100배　7.195 →

14 $\frac{1}{10}$　0.5 →

15 $\frac{1}{10}$　1.36 →

16 $\frac{1}{10}$　14.5 →

17 $\frac{1}{100}$　15.7 →

18 $\frac{1}{100}$　18 →

지욱이는 우산이 망가져서 새 우산을 사려고 합니다.
갈림길에 있는 수가 2개일 때는 더 큰 수를 따라가고,
2개보다 많을 때는 가장 큰 수를 따라갈 때 지욱이가 사게 되는 우산에 ◯표 하세요.

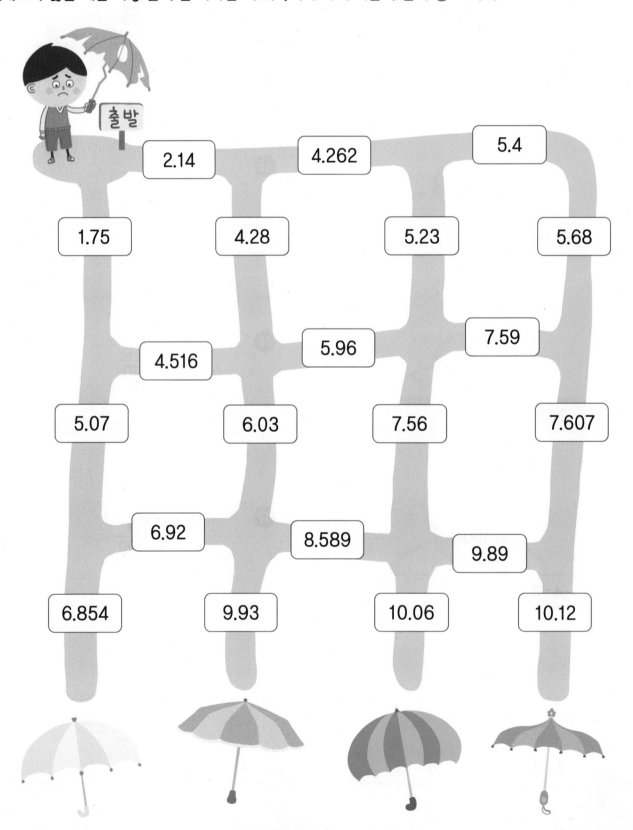

○ 트럭에 실은 각 상자에서 설명하는 수에 해당하는 글자를 표지판에서 찾아 ☐ 안에 써넣으세요.

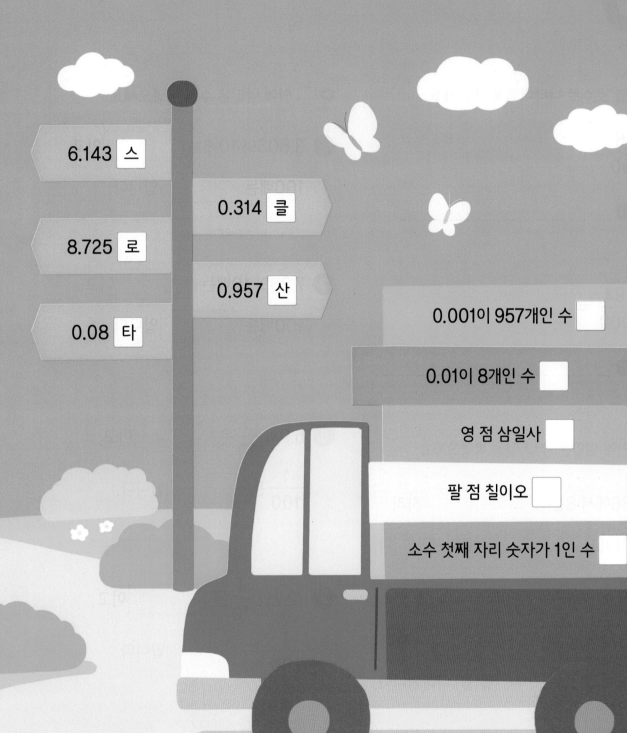

6.143 스

0.314 클

8.725 로

0.957 산

0.08 타

0.001이 957개인 수 ☐

0.01이 8개인 수 ☐

영 점 삼일사 ☐

팔 점 칠이오 ☐

소수 첫째 자리 숫자가 1인 수 ☐

소수 평가

○ 분수를 소수로 나타내고 읽어 보세요.

1 $\dfrac{56}{100}$ = ⬚

읽기 _____

2 $\dfrac{294}{1000}$ = ⬚

읽기 _____

○ ⬚ **안에 알맞은 수나 말을 써넣으세요.**

3 1.86에서 8은 ⬚ 자리 숫자이고, ⬚ 을(를) 나타냅니다.

4 3.572에서 2는 ⬚ 자리 숫자이고, ⬚ 을(를) 나타냅니다.

5 8.045에서 4는 ⬚ 자리 숫자이고, ⬚ 을(를) 나타냅니다.

○ ⬚ **안에 알맞은 수를 써넣으세요.**

6 3.603의 10배는 ⬚ 이고, 100배는 ⬚ 입니다.

7 7.28의 10배는 ⬚ 이고, 100배는 ⬚ 입니다.

8 5.9의 $\dfrac{1}{10}$ 은 ⬚ 이고, $\dfrac{1}{100}$ 은 ⬚ 입니다.

9 12.7의 $\dfrac{1}{10}$ 은 ⬚ 이고, $\dfrac{1}{100}$ 은 ⬚ 입니다.

10 359의 $\dfrac{1}{10}$ 은 ⬚ 이고, $\dfrac{1}{100}$ 은 ⬚ 입니다.

○ 두 수의 크기를 비교하여 ◯ 안에 >, =, < 를 알맞게 써넣으세요.

11   1.36   ◯   0.83

12   2.64   ◯   2.65

13   7.485   ◯   7.486

14   9.574   ◯   9.316

15   13.54   ◯   14.015

16   17.938   ◯   17.8

○ 빈칸에 알맞은 수를 써넣으세요.

17
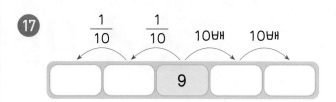

18
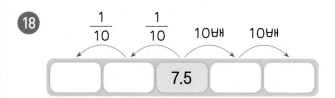

19
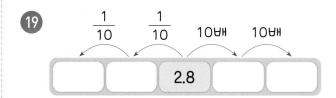

20
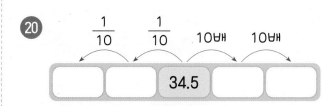

4

자연수와 **소수**의 **공통점**과 **차이점**을 이용하여
계산하는 것이 중요한

소수의 덧셈

26 받아올림이 없는 소수 한 자리 수의 덧셈

27 받아올림이 있는 소수 한 자리 수의 덧셈

28 받아올림이 없는 소수 두 자리 수의 덧셈

29 받아올림이 있는 소수 두 자리 수의 덧셈

30 자릿수가 다른 소수의 덧셈

31 계산 Plus+

32 소수의 덧셈 평가

26 받아올림이 없는 소수 한 자리 수의 덧셈

0.2+1.3의 계산

소수점끼리 맞추어 세로로 쓰고, 같은 자리 수끼리 더한 다음 소수점을 그대로 내려 찍습니다.

$$
\begin{array}{r} 0.2 \\ +\ 1.3 \\ \hline 5 \end{array}
\rightarrow
\begin{array}{r} 0.2 \\ +\ 1.3 \\ \hline 1.5 \end{array}
$$

2+3=5   0+1=1

계산해 보세요.

1
$$\begin{array}{r} 0.1 \\ +\ 0.3 \\ \hline \end{array}$$

2
$$\begin{array}{r} 0.3 \\ +\ 0.5 \\ \hline \end{array}$$

3
$$\begin{array}{r} 0.5 \\ +\ 0.4 \\ \hline \end{array}$$

4
$$\begin{array}{r} 0.7 \\ +\ 0.2 \\ \hline \end{array}$$

5
$$\begin{array}{r} 1.6 \\ +\ 2.2 \\ \hline \end{array}$$

6
$$\begin{array}{r} 2.1 \\ +\ 6.1 \\ \hline \end{array}$$

7
$$\begin{array}{r} 3.4 \\ +\ 4.3 \\ \hline \end{array}$$

8
$$\begin{array}{r} 4.4 \\ +\ 5.1 \\ \hline \end{array}$$

9
$$\begin{array}{r} 5.3 \\ +\ 3.6 \\ \hline \end{array}$$

⑩
```
   0.1
+  0.4
```

⑯
```
   1.6
+  2.3
```

㉒
```
  1 0.4
+    5.5
```

⑪
```
   0.4
+  0.2
```

⑰
```
   1.7
+  4.1
```

㉓
```
  1 1.2
+    4.1
```

⑫
```
   0.5
+  7.3
```

⑱
```
   2.2
+  5.2
```

㉔
```
  1 2.1
+    6.3
```

⑬
```
   0.8
+  4.1
```

⑲
```
   4.1
+  0.5
```

㉕
```
  1 4.3
+    3.2
```

⑭
```
   1.2
+  0.1
```

⑳
```
   6.4
+  3.4
```

㉖
```
  1 7.4
+    2.2
```

⑮
```
   1.5
+  3.2
```

㉑
```
   9.3
+  0.2
```

㉗
```
  1 8.5
+    1.3
```

○ 계산해 보세요.

㉘ 0.1＋0.7＝

각 자리를
맞추어 쓴 후
세로로 계산해요.

㉝ 0.6＋0.2＝

㊳ 3.5＋2.4＝

㉙ 0.2＋0.2＝

㉞ 1.1＋5.1＝

㊴ 4.2＋3.1＝

㉚ 0.3＋0.6＝

㉟ 1.2＋0.7＝

㊵ 5.2＋4.3＝

㉛ 0.4＋4.5＝

㊱ 1.5＋1.2＝

㊶ 6.4＋3.4＝

㉜ 0.5＋2.3＝

㊲ 2.2＋2.6＝

㊷ 7.1＋1.5＝

43 $0.1 + 0.2 =$

44 $0.4 + 0.3 =$

45 $0.7 + 1.1 =$

46 $0.8 + 3.1 =$

47 $1.1 + 3.5 =$

48 $1.3 + 4.4 =$

49 $1.7 + 7.2 =$

50 $2.4 + 1.5 =$

51 $2.6 + 5.1 =$

52 $3.5 + 6.4 =$

53 $4.7 + 2.1 =$

54 $5.2 + 3.3 =$

55 $6.3 + 0.3 =$

56 $8.5 + 1.2 =$

57 $9.2 + 0.1 =$

58 $10.5 + 3.3 =$

59 $12.3 + 4.2 =$

60 $15.2 + 0.4 =$

61 $16.4 + 0.1 =$

62 $17.3 + 1.5 =$

63 $19.1 + 0.8 =$

27 받아올림이 있는 소수 한 자리 수의 덧셈

● **1.5+0.8의 계산**

소수 첫째 자리 수끼리의 합이 **10**이거나 **10**보다 크면
일의 자리로 1을 받아올려 계산합니다.

$$
\begin{array}{r}
\overset{1}{}1.5 \\
+\ 0.8 \\
\hline
3
\end{array}
\quad\rightarrow\quad
\begin{array}{r}
\overset{1}{}1.5 \\
+\ 0.8 \\
\hline
2.3
\end{array}
$$

5+8=13　　1+1+0=2

○ 계산해 보세요.

1
$$
\begin{array}{r}
0.3 \\
+\ 0.7 \\
\hline
\end{array}
$$

2
$$
\begin{array}{r}
0.4 \\
+\ 0.8 \\
\hline
\end{array}
$$

3
$$
\begin{array}{r}
0.5 \\
+\ 0.6 \\
\hline
\end{array}
$$

4
$$
\begin{array}{r}
0.8 \\
+\ 0.8 \\
\hline
\end{array}
$$

5
$$
\begin{array}{r}
1.5 \\
+\ 3.7 \\
\hline
\end{array}
$$

6
$$
\begin{array}{r}
1.9 \\
+\ 5.4 \\
\hline
\end{array}
$$

7
$$
\begin{array}{r}
2.6 \\
+\ 3.7 \\
\hline
\end{array}
$$

8
$$
\begin{array}{r}
4.8 \\
+\ 4.9 \\
\hline
\end{array}
$$

9
$$
\begin{array}{r}
6.7 \\
+\ 2.8 \\
\hline
\end{array}
$$

⑩
```
    0.4
+   0.7
```

⑯
```
    2.7
+   4.6
```

㉒
```
  1 1.8
+   6.7
```

⑪
```
    0.6
+   3.8
```

⑰
```
    3.4
+   1.9
```

㉓
```
  1 2.6
+   5.4
```

⑫
```
    0.8
+   5.5
```

⑱
```
    6.5
+   2.7
```

㉔
```
  1 4.7
+   3.7
```

⑬
```
    0.9
+   2.2
```

⑲
```
    7.8
+   0.5
```

㉕
```
  1 5.5
+   2.6
```

⑭
```
    1.5
+   1.9
```

⑳
```
    8.6
+   0.8
```

㉖
```
  1 6.1
+   2.9
```

⑮
```
    1.7
+   2.3
```

㉑
```
    9.9
+   3.7
```

㉗
```
  1 7.8
+   1.8
```

○ 계산해 보세요.

㉘ 0.2＋0.9＝

㉝ 1.7＋4.5＝

㊳ 4.5＋2.6＝

㉙ 0.4＋0.9＝

㉞ 2.4＋5.6＝

㊴ 4.7＋3.9＝

㉚ 0.6＋0.7＝

㉟ 2.7＋3.7＝

㊵ 6.5＋2.8＝

㉛ 0.8＋6.4＝

㊱ 2.9＋6.8＝

㊶ 7.8＋1.3＝

㉜ 1.3＋2.9＝

㊲ 3.6＋5.7＝

㊷ 9.4＋4.7＝

43 $0.3+0.8=$

44 $0.6+0.6=$

45 $0.9+1.4=$

46 $1.3+4.7=$

47 $1.5+5.9=$

48 $1.8+6.8=$

49 $2.5+0.5=$

50 $2.8+5.4=$

51 $3.3+3.9=$

52 $4.8+3.6=$

53 $5.5+0.8=$

54 $6.7+4.8=$

55 $7.5+1.7=$

56 $8.7+0.4=$

57 $9.8+6.5=$

58 $11.7+3.9=$

59 $12.5+4.5=$

60 $13.4+3.7=$

61 $14.9+4.4=$

62 $17.3+2.8=$

63 $19.6+1.6=$

28 받아올림이 없는 소수 두 자리 수의 덧셈

● **1.23 + 1.15의 계산**

소수점끼리 맞추어 세로로 쓰고, 같은 자리 수끼리 더한 다음 소수점을 그대로 내려 찍습니다.

```
  1 . 2 3              1 . 2 3              1 . 2 3
+ 1 . 1 5      →     + 1 . 1 5      →     + 1 . 1 5
--------             --------             --------
      8                  3 8              2 . 3 8
```
　　　3+5=8　　　　　　2+1=3　　　　　　1+1=2

○ **계산해 보세요.**

1
```
  0 . 0 2
+ 0 . 0 4
```

2
```
  0 . 4 5
+ 0 . 2 1
```

3
```
  0 . 8 1
+ 0 . 1 3
```

4
```
  1 . 3 3
+ 4 . 2 5
```

5
```
  3 . 4 2
+ 5 . 4 5
```

6
```
  3 . 7 4
+ 2 . 1 2
```

7
```
  4 . 6 2
+ 3 . 0 3
```

8
```
  5 . 2 4
+ 1 . 3 5
```

9
```
  6 . 0 1
+ 0 . 7 2
```

⑩
```
   0.1 4
+ 0.2 2
```

⑯
```
   2.6 2
+ 1.2 3
```

㉒
```
   8.3 2
+ 1.0 6
```

⑪
```
   0.4 3
+ 0.3 4
```

⑰
```
   3.5 3
+ 2.1 5
```

㉓
```
   9.0 3
+ 0.9 3
```

⑫
```
   0.7 2
+ 0.1 5
```

⑱
```
   4.1 1
+ 1.6 4
```

㉔
```
  1 1.3 2
+   5.4 6
```

⑬
```
   1.4 3
+ 0.3 6
```

⑲
```
   4.5 4
+ 4.0 4
```

㉕
```
  1 2.2 3
+   3.3 4
```

⑭
```
   1.6 5
+ 3.0 2
```

⑳
```
   5.2 6
+ 2.2 1
```

㉖
```
  1 4.1 7
+   4.1 2
```

⑮
```
   2.2 7
+ 0.7 1
```

㉑
```
   6.1 2
+ 1.4 4
```

㉗
```
  1 6.4 4
+   0.5 3
```

○ 계산해 보세요.

㉘ 0.03＋0.05＝

㉝ 3.22＋4.15＝

㊳ 6.46＋3.41＝

㉙ 0.32＋0.56＝

㉞ 3.64＋5.23＝

㊴ 7.22＋2.35＝

㉚ 0.74＋1.21＝

㉟ 4.41＋2.18＝

㊵ 7.63＋0.24＝

㉛ 1.15＋0.63＝

㊱ 4.85＋1.02＝

㊶ 8.08＋1.91＝

㉜ 2.23＋3.46＝

㊲ 5.37＋1.42＝

㊷ 9.32＋0.14＝

(43) 0.42+0.04=

(44) 0.54+0.13=

(45) 0.91+0.06=

(46) 1.45+2.43=

(47) 1.82+7.07=

(48) 2.53+1.33=

(49) 2.76+2.02=

(50) 3.76+4.22=

(51) 4.02+5.14=

(52) 4.71+2.07=

(53) 5.83+2.14=

(54) 7.42+0.23=

(55) 8.15+0.61=

(56) 9.63+0.11=

(57) 10.34+2.15=

(58) 12.43+3.12=

(59) 13.54+1.23=

(60) 15.15+0.52=

(61) 16.06+1.32=

(62) 17.13+2.66=

(63) 19.52+0.04=

받아올림이 있는 소수 두 자리 수의 덧셈

● 0.67+1.54의 계산

각 자리에서 받아올림이 있으면 바로 윗자리로 1을 받아올려 계산합니다.

$$
\begin{array}{r}
\overset{1}{} \\
0.6\,7 \\
+\,1.5\,4 \\
\hline
1
\end{array}
\quad\rightarrow\quad
\begin{array}{r}
\overset{1}{}\overset{1}{} \\
0.6\,7 \\
+\,1.5\,4 \\
\hline
2\,1
\end{array}
\quad\rightarrow\quad
\begin{array}{r}
\overset{1}{}\overset{1}{} \\
0.6\,7 \\
+\,1.5\,4 \\
\hline
2.2\,1
\end{array}
$$

7+4=11   1+6+5=12   1+0+1=2

○ 계산해 보세요.

1
```
   0 . 3 6
 + 0 . 4 7
```

2
```
   0 . 5 9
 + 0 . 2 5
```

3
```
   0 . 6 8
 + 0 . 0 7
```

4
```
   1 . 4 6
 + 2 . 7 2
```

5
```
   2 . 8 3
 + 3 . 3 4
```

6
```
   3 . 2 5
 + 2 . 8 1
```

7
```
   4 . 8 9
 + 1 . 5 3
```

8
```
   5 . 2 7
 + 0 . 9 4
```

9
```
   6 . 4 5
 + 1 . 6 8
```

⑩
```
    0.4 9
+  2.1 7
```

⑯
```
    3.6 2
+  2.7 2
```

㉒
```
    9.6 4
+  6.5 6
```

⑪
```
    0.7 9
+  0.1 2
```

⑰
```
    4.8 2
+  0.9 5
```

㉓
```
  1 1.7 2
+    2.4 9
```

⑫
```
    0.8 5
+  1.0 5
```

⑱
```
    5.7 8
+  3.5 1
```

㉔
```
  1 3.8 9
+    1.2 9
```

⑬
```
    1.1 9
+  0.6 2
```

⑲
```
    6.5 3
+  1.5 6
```

㉕
```
  1 4.5 6
+    1.6 7
```

⑭
```
    1.5 4
+  0.3 7
```

⑳
```
    7.6 3
+  1.4 2
```

㉖
```
  1 6.4 7
+    0.8 7
```

⑮
```
    2.3 8
+  1.2 8
```

㉑
```
    8.9 4
+  0.3 4
```

㉗
```
  1 8.7 8
+    0.9 8
```

○ 계산해 보세요.

㉘ 0.14＋0.27＝

㉝ 2.91＋2.53＝

㊳ 6.24＋2.76＝

㉙ 0.46＋0.19＝

㉞ 3.73＋0.34＝

㊴ 6.57＋1.98＝

㉚ 0.77＋0.13＝

㉟ 4.61＋1.77＝

㊵ 7.09＋1.99＝

㉛ 1.35＋2.28＝

㊱ 4.95＋3.54＝

㊶ 8.68＋0.83＝

㉜ 2.58＋3.14＝

㊲ 5.41＋1.85＝

㊷ 9.85＋4.37＝

43 0.35＋0.08＝

44 0.65＋0.15＝

45 0.87＋1.04＝

46 1.68＋4.02＝

47 1.86＋5.08＝

48 2.27＋0.45＝

49 3.34＋1.58＝

50 3.85＋2.53＝

51 4.52＋3.91＝

52 5.63＋2.75＝

53 6.75＋0.84＝

54 8.26＋0.92＝

55 9.34＋1.71＝

56 10.92＋2.52＝

57 12.85＋3.47＝

58 13.94＋2.66＝

59 14.38＋4.85＝

60 15.29＋2.98＝

61 16.62＋0.79＝

62 17.74＋1.88＝

63 19.47＋5.56＝

자릿수가 다른 소수의 덧셈

● **1.35 + 0.8의 계산**

자릿수가 다른 소수의 덧셈을 할 때는 **오른쪽 끝자리 뒤에 0**이 있는 것으로 생각하여 소수점끼리 자리를 맞추어 계산합니다.

```
    1 . 3 5              1 . 3 5              1 . 3 5
  + 0 . 8 0      →     + 0 . 8        →     + 0 . 8
  ─────────            ─────────            ─────────
            5                  1 5            2 . 1 5
    5+0=5                3+8=11              1+1+0=2
```

○ 계산해 보세요.

1
```
    0 . 5 7
  + 0 . 3
  ─────────
```

2
```
    2 . 2 8
  + 0 . 1
  ─────────
```

3
```
    5 . 4 3
  + 3 . 8
  ─────────
```

4
```
    8 . 6 9
  + 1 . 4
  ─────────
```

5
```
    1 . 3
  + 0 . 5 4
  ─────────
```

6
```
    3 . 3
  + 2 . 0 8
  ─────────
```

7
```
    6 . 7
  + 4 . 5 2
  ─────────
```

8
```
    7 . 9
  + 2 . 2 5
  ─────────
```

9
```
    8 . 6
  + 0 . 6 6
  ─────────
```

⑩
```
    0.0 5
 +  0.3
```

⑯
```
    9.4 3
 +  0.8
```

㉒
```
    5.6
 +  4.2 8
```

⑪
```
    1.4 4
 +  1.5
```

⑰
```
  1 1.9 2
 +    3.2
```

㉓
```
    6.3
 +  1.0 6
```

⑫
```
    2.6 6
 +  3.3
```

⑱
```
  1 6.5 1
 +    2.8
```

㉔
```
    7.7
 +  4.7 9
```

⑬
```
    3.2 7
 +  5.2
```

⑲
```
    1.2
 +  4.6 4
```

㉕
```
  1 0.9
 +    6.3 5
```

⑭
```
    4.6 3
 +  2.1
```

⑳
```
    2.6
 +  6.3 5
```

㉖
```
  1 2.4
 +    5.7 4
```

⑮
```
    7.1 8
 +  1.9
```

㉑
```
    4.3
 +  5.2 3
```

㉗
```
  1 5.5
 +    3.6 2
```

○ 계산해 보세요.

㉘ 0.23＋0.7＝

㉙ 1.15＋0.4＝

㉚ 2.52＋1.1＝

㉛ 5.36＋0.5＝

㉜ 7.44＋3.9＝

㉝ 9.87＋5.3＝

㉞ 12.68＋3.7＝

㉟ 2.3＋4.24＝

㊱ 3.4＋5.29＝

㊲ 6.8＋3.02＝

㊳ 8.5＋3.21＝

㊴ 9.4＋2.84＝

㊵ 11.9＋3.17＝

㊶ 13.5＋4.63＝

㊷ 17.7＋1.86＝

㊸ $0.32+0.2=$

㊹ $0.57+1.3=$

㊺ $1.63+0.3=$

㊻ $2.58+4.2=$

㊼ $3.14+2.5=$

㊽ $5.29+3.9=$

㊾ $6.86+1.7=$

㊿ $9.34+1.8=$

(51) $12.47+4.7=$

(52) $15.99+2.6=$

(53) $5.2+2.53=$

(54) $6.3+1.08=$

(55) $9.2+1.76=$

(56) $10.5+3.05=$

(57) $12.6+0.35=$

(58) $13.5+6.23=$

(59) $14.7+2.68=$

(60) $15.6+3.94=$

(61) $16.8+1.72=$

(62) $17.3+5.91=$

(63) $18.9+3.16=$

31 계산 Plus+

소수의 덧셈

○ 빈칸에 알맞은 수를 써넣으세요.

1

+5.2

2.7 □

└ 2.7+5.2를
계산해요.

5

+1.48

8.13 □

2

+3.8

7.9 □

6

+4.39

12.68 □

3

+6.6

9.7 □

7

+3.52

4.8 □

4

+2.33

5.24 □

8

+2.7

8.54 □

9　3.2　➡　+0.3　➡　[　　]
└3.2+0.3을
　계산해요.

10　4.5　➡　+3.1　➡　[　　]

11　5.8　➡　+7.5　➡　[　　]

12　8.9　➡　+3.9　➡　[　　]

13　4.43　➡　+1.24　➡　[　　]

14　5.12　➡　+2.73　➡　[　　]

15　6.61　➡　+0.56　➡　[　　]

16　12.97　➡　+3.48　➡　[　　]

17　2.14　➡　+1.7　➡　[　　]

18　9.76　➡　+1.8　➡　[　　]

19　11.3　➡　+0.59　➡　[　　]

20　13.4　➡　+2.82　➡　[　　]

소수의 덧셈을 하여 구름에서 합이 나타내는 색으로 열기구를 색칠해 보세요.

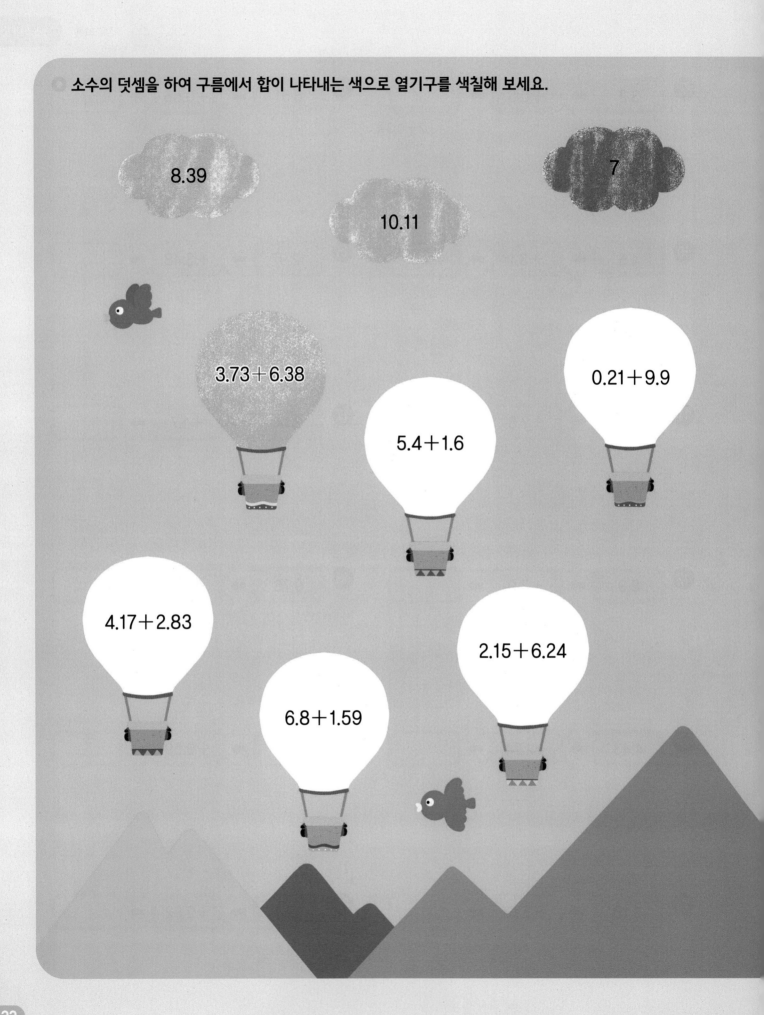

8.39

10.11

7

3.73＋6.38

0.21＋9.9

5.4＋1.6

4.17＋2.83

2.15＋6.24

6.8＋1.59

◎ 햄스터가 계산 결과를 따라갈 때 먹을 수 있는 먹이에 ◯표 하세요.

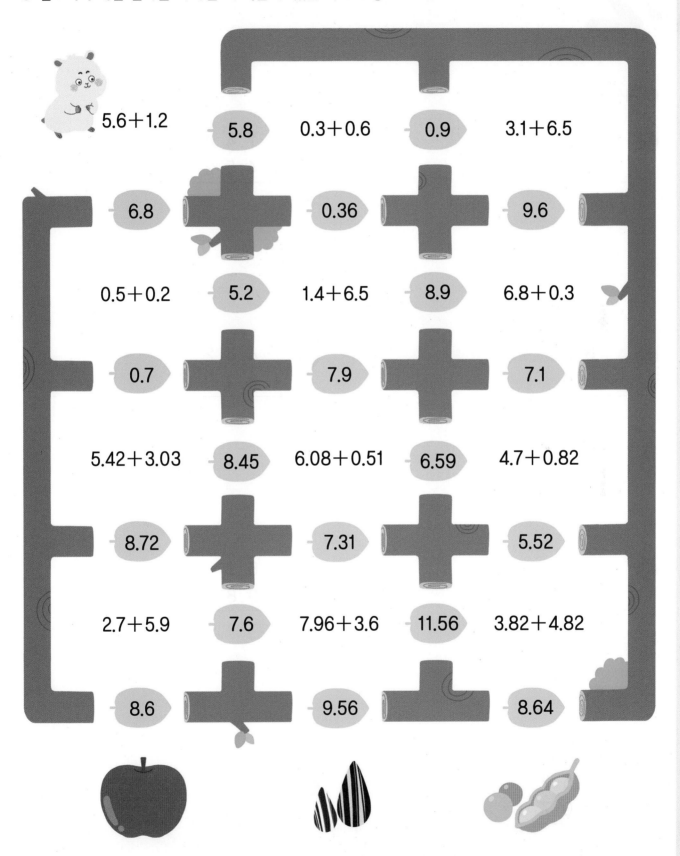

5.6＋1.2　　5.8　　0.3＋0.6　　0.9　　3.1＋6.5

6.8　　0.36　　9.6

0.5＋0.2　　5.2　　1.4＋6.5　　8.9　　6.8＋0.3

0.7　　7.9　　7.1

5.42＋3.03　　8.45　　6.08＋0.51　　6.59　　4.7＋0.82

8.72　　7.31　　5.52

2.7＋5.9　　7.6　　7.96＋3.6　　11.56　　3.82＋4.82

8.6　　9.56　　8.64

32 소수의 덧셈 평가

○ **계산해 보세요.**

①
```
    2.3
 +  6.4
```

②
```
    5.8
 +  3.6
```

③
```
    7.5
 +  8.9
```

④
```
   2.5 2
 + 3.0 7
```

⑤
```
   1.4 4
 + 4.5 2
```

⑥
```
   4.6 2
 + 4.3 8
```

⑦
```
   6.1 6
 + 0.8
```

⑧
```
   8.9
 + 4.6 5
```

9 1.4＋1.3＝

10 8.6＋4.7＝

11 3.05＋2.72＝

12 5.84＋6.27＝

13 13.69＋0.74＝

14 8.63＋3.4＝

15 5.8＋6.92＝

○ 빈칸에 알맞은 수를 써넣으세요.

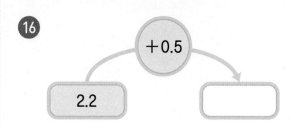

16

| 2.2 | +0.5 → | |

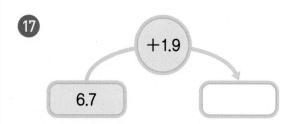

17

| 6.7 | +1.9 → | |

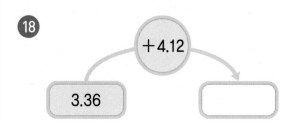

18

| 3.36 | +4.12 → | |

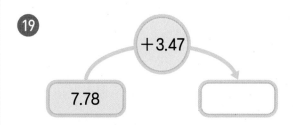

19

| 7.78 | +3.47 → | |

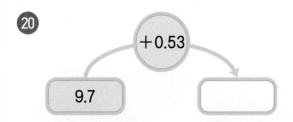

20

| 9.7 | +0.53 → | |

5

자연수와 **소수**의 **공통점**과 **차이점**을 이용하여
계산하는 것이 중요한

소수의 뺄셈

33 받아내림이 없는 소수 한 자리 수의 뺄셈

34 받아내림이 있는 소수 한 자리 수의 뺄셈

35 받아내림이 없는 소수 두 자리 수의 뺄셈

36 받아내림이 있는 소수 두 자리 수의 뺄셈

37 자릿수가 다른 소수의 뺄셈

38 어떤 수 구하기

39 계산 Plus+

40 소수의 뺄셈 평가

33 받아내림이 없는 소수 한 자리 수의 뺄셈

● **1.9 − 0.5의 계산**

소수점끼리 맞추어 세로로 쓰고, 같은 자리 수끼리 뺀 다음 소수점을 그대로 내려 찍습니다.

$$
\begin{array}{r} 1.9 \\ -\ 0.5 \\ \hline 4 \end{array}
\quad \rightarrow \quad
\begin{array}{r} 1.9 \\ -\ 0.5 \\ \hline 1.4 \end{array}
$$

9−5=4   1−0=1

○ 계산해 보세요.

1
$$
\begin{array}{r} 0.3 \\ -\ 0.1 \\ \hline \end{array}
$$

2
$$
\begin{array}{r} 0.4 \\ -\ 0.2 \\ \hline \end{array}
$$

3
$$
\begin{array}{r} 0.9 \\ -\ 0.5 \\ \hline \end{array}
$$

4
$$
\begin{array}{r} 1.5 \\ -\ 0.1 \\ \hline \end{array}
$$

5
$$
\begin{array}{r} 1.7 \\ -\ 1.3 \\ \hline \end{array}
$$

6
$$
\begin{array}{r} 2.6 \\ -\ 1.3 \\ \hline \end{array}
$$

7
$$
\begin{array}{r} 5.8 \\ -\ 3.3 \\ \hline \end{array}
$$

8
$$
\begin{array}{r} 6.9 \\ -\ 2.2 \\ \hline \end{array}
$$

9
$$
\begin{array}{r} 8.7 \\ -\ 4.1 \\ \hline \end{array}
$$

⑩
```
  0.4
- 0.1
```

⑯
```
  2.8
- 1.6
```

㉒
```
  8.7
- 4.4
```

⑪
```
  0.5
- 0.3
```

⑰
```
  3.9
- 1.8
```

㉓
```
  9.6
- 2.5
```

⑫
```
  0.8
- 0.4
```

⑱
```
  4.7
- 4.5
```

㉔
```
  1 2.9
-   2.6
```

⑬
```
  1.6
- 0.3
```

⑲
```
  5.4
- 0.2
```

㉕
```
  1 3.8
-   2.7
```

⑭
```
  1.7
- 1.5
```

⑳
```
  6.6
- 3.1
```

㉖
```
  1 6.4
-   1.2
```

⑮
```
  2.3
- 1.3
```

㉑
```
  7.8
- 4.2
```

㉗
```
  1 7.5
-   2.4
```

○ 계산해 보세요.

㉘ 0.6−0.4=

각 자리를
맞추어 쓴 후
세로로 계산해요.

	0 . 6
−	0 . 4

㉙ 0.8−0.6=

㉚ 1.5−0.2=

㉛ 1.8−0.7=

㉜ 2.6−2.6=

㉝ 3.7−1.2=

㉞ 4.9−2.7=

㉟ 5.8−3.4=

㊱ 6.4−1.1=

㊲ 7.5−4.2=

㊳ 7.7−2.6=

㊴ 8.8−0.1=

㊵ 8.9−1.9=

㊶ 9.6−2.4=

㊷ 9.9−1.5=

㊸ $0.5-0.4=$

㊹ $0.9-0.7=$

㊺ $1.3-0.2=$

㊻ $1.9-1.9=$

㊼ $2.4-1.3=$

㊽ $2.7-1.5=$

㊾ $3.8-2.8=$

㊿ $4.5-1.3=$

51 $5.7-3.2=$

52 $6.4-0.2=$

53 $7.9-4.8=$

54 $8.7-4.5=$

55 $9.8-4.3=$

56 $9.9-2.4=$

57 $11.8-1.6=$

58 $12.6-0.3=$

59 $14.9-2.5=$

60 $15.4-1.1=$

61 $16.5-4.5=$

62 $18.7-3.2=$

63 $19.6-0.4=$

34 받아내림이 있는 소수 한 자리 수의 뺄셈

● **2.1−0.4의 계산**

소수 첫째 자리 수끼리 뺄 수 없으면 **일의 자리에서 10을 받아내려** 계산합니다.

$$\begin{array}{r} \overset{\overset{1\quad10}{}}{2}.1 \\ -\ 0.4 \\ \hline 7 \end{array} \quad\rightarrow\quad \begin{array}{r} \overset{\overset{1\quad10}{}}{2}.1 \\ -\ 0.4 \\ \hline 1\ 7 \end{array}$$

$10+1-4=7$ $2-1-0=1$

○ **계산해 보세요.**

1
```
   1 . 2
-  0 . 3
────────
```

2
```
   2 . 3
-  0 . 7
────────
```

3
```
   3 . 5
-  1 . 8
────────
```

4
```
   4 . 4
-  1 . 9
────────
```

5
```
   5 . 2
-  3 . 6
────────
```

6
```
   6 . 1
-  4 . 2
────────
```

7
```
   7 . 3
-  4 . 5
────────
```

8
```
   8 . 2
-  2 . 8
────────
```

9
```
   9 . 6
-  1 . 9
────────
```

10
$$\begin{array}{r} 1.3 \\ -\ 0.7 \\ \hline \end{array}$$

11
$$\begin{array}{r} 2.5 \\ -\ 1.8 \\ \hline \end{array}$$

12
$$\begin{array}{r} 3.2 \\ -\ 2.7 \\ \hline \end{array}$$

13
$$\begin{array}{r} 4.3 \\ -\ 0.8 \\ \hline \end{array}$$

14
$$\begin{array}{r} 5.1 \\ -\ 3.5 \\ \hline \end{array}$$

15
$$\begin{array}{r} 5.3 \\ -\ 2.4 \\ \hline \end{array}$$

16
$$\begin{array}{r} 6.4 \\ -\ 5.7 \\ \hline \end{array}$$

17
$$\begin{array}{r} 7.2 \\ -\ 1.3 \\ \hline \end{array}$$

18
$$\begin{array}{r} 7.4 \\ -\ 2.6 \\ \hline \end{array}$$

19
$$\begin{array}{r} 8.1 \\ -\ 3.4 \\ \hline \end{array}$$

20
$$\begin{array}{r} 9.2 \\ -\ 0.9 \\ \hline \end{array}$$

21
$$\begin{array}{r} 9.3 \\ -\ 1.4 \\ \hline \end{array}$$

22
$$\begin{array}{r} 10.5 \\ -\ 4.6 \\ \hline \end{array}$$

23
$$\begin{array}{r} 12.5 \\ -\ 3.9 \\ \hline \end{array}$$

24
$$\begin{array}{r} 13.6 \\ -\ 1.8 \\ \hline \end{array}$$

25
$$\begin{array}{r} 16.2 \\ -\ 1.5 \\ \hline \end{array}$$

26
$$\begin{array}{r} 18.1 \\ -\ 1.8 \\ \hline \end{array}$$

27
$$\begin{array}{r} 19.4 \\ -\ 3.7 \\ \hline \end{array}$$

○ 계산해 보세요.

㉘ 1.5−0.7=

㉝ 5.8−0.9=

㊳ 7.6−4.8=

㉙ 2.3−1.6=

㉞ 6.2−3.7=

㊴ 8.1−0.4=

㉚ 3.6−2.7=

㉟ 6.5−2.8=

㊵ 8.4−4.9=

㉛ 4.4−1.9=

㊱ 7.1−1.3=

㊶ 9.3−2.6=

㉜ 5.2−3.5=

㊲ 7.3−3.4=

㊷ 9.7−4.8=

43 $1.4 - 0.8 =$

44 $2.2 - 0.6 =$

45 $3.3 - 2.5 =$

46 $3.6 - 0.7 =$

47 $4.2 - 1.4 =$

48 $5.1 - 0.6 =$

49 $6.3 - 1.9 =$

50 $6.6 - 3.7 =$

51 $7.2 - 4.4 =$

52 $7.5 - 0.8 =$

53 $8.3 - 2.5 =$

54 $8.5 - 0.7 =$

55 $9.1 - 2.9 =$

56 $9.3 - 4.4 =$

57 $10.4 - 0.9 =$

58 $12.5 - 2.6 =$

59 $14.4 - 3.8 =$

60 $16.5 - 3.9 =$

61 $17.2 - 1.7 =$

62 $18.6 - 3.8 =$

63 $19.1 - 0.5 =$

받아내림이 없는 소수 두 자리 수의 뺄셈

3.45 − 1.21의 계산

소수점끼리 맞추어 세로로 쓰고, 같은 자리 수끼리 뺀 다음 소수점을 그대로 내려 찍습니다.

$$
\begin{array}{r}
3.4\ 5 \\
-\ 1.2\ 1 \\
\hline
4
\end{array}
\quad\rightarrow\quad
\begin{array}{r}
3.4\ 5 \\
-\ 1.2\ 1 \\
\hline
2\ 4
\end{array}
\quad\rightarrow\quad
\begin{array}{r}
3.4\ 5 \\
-\ 1.2\ 1 \\
\hline
2.2\ 4
\end{array}
$$

5−1=4   4−2=2   3−1=2

◯ 계산해 보세요.

1

$$
\begin{array}{r}
0.0\ 7 \\
-\ 0.0\ 5 \\
\hline
\end{array}
$$

4

$$
\begin{array}{r}
3.4\ 5 \\
-\ 2.2\ 4 \\
\hline
\end{array}
$$

7

$$
\begin{array}{r}
6.9\ 4 \\
-\ 3.6\ 2 \\
\hline
\end{array}
$$

2

$$
\begin{array}{r}
0.5\ 8 \\
-\ 0.2\ 6 \\
\hline
\end{array}
$$

5

$$
\begin{array}{r}
4.7\ 9 \\
-\ 0.0\ 3 \\
\hline
\end{array}
$$

8

$$
\begin{array}{r}
8.8\ 9 \\
-\ 4.3\ 4 \\
\hline
\end{array}
$$

3

$$
\begin{array}{r}
1.6\ 7 \\
-\ 0.1\ 5 \\
\hline
\end{array}
$$

6

$$
\begin{array}{r}
5.3\ 8 \\
-\ 0.3\ 7 \\
\hline
\end{array}
$$

9

$$
\begin{array}{r}
9.5\ 7 \\
-\ 2.1\ 3 \\
\hline
\end{array}
$$

⑩
```
   0.0 9
-  0.0 3
```

⑯
```
   6.7 8
-  3.2 2
```

㉒
```
  1 1.4 2
-    0.4 1
```

⑪
```
   0.7 5
-  0.4 2
```

⑰
```
   7.6 7
-  2.3 5
```

㉓
```
  1 3.8 4
-    1.0 2
```

⑫
```
   2.6 7
-  0.3 5
```

⑱
```
   8.8 4
-  3.2 1
```

㉔
```
  1 5.6 6
-    0.4 6
```

⑬
```
   3.8 6
-  1.5 1
```

⑲
```
   8.9 8
-  6.5 3
```

㉕
```
  1 6.9 3
-    2.2 2
```

⑭
```
   4.9 8
-  2.2 4
```

⑳
```
   9.3 9
-  1.1 6
```

㉖
```
  1 7.6 7
-    0.6 5
```

⑮
```
   5.4 5
-  1.2 3
```

㉑
```
   9.5 6
-  1.4 2
```

㉗
```
  1 8.5 9
-    2.2 3
```

○ 계산해 보세요.

㉘ 0.08－0.02＝

㉙ 0.96－0.53＝

㉚ 1.89－1.21＝

㉛ 2.47－0.43＝

㉜ 3.56－1.14＝

㉝ 4.57－3.55＝

㉞ 4.94－1.73＝

㉟ 5.38－4.24＝

㊱ 5.95－1.72＝

㊲ 6.79－2.04＝

㊳ 6.88－3.16＝

㊴ 7.65－2.44＝

㊵ 8.85－2.55＝

㊶ 9.36－0.14＝

㊷ 9.87－6.21＝

43 $1.45 - 0.33 =$

44 $2.56 - 0.12 =$

45 $3.67 - 1.56 =$

46 $3.74 - 0.22 =$

47 $4.89 - 3.64 =$

48 $5.67 - 1.26 =$

49 $6.55 - 2.41 =$

50 $6.98 - 4.28 =$

51 $7.54 - 2.21 =$

52 $7.77 - 0.45 =$

53 $8.49 - 3.04 =$

54 $8.78 - 0.53 =$

55 $9.69 - 2.67 =$

56 $9.83 - 2.12 =$

57 $10.45 - 0.43 =$

58 $11.95 - 1.82 =$

59 $14.95 - 2.52 =$

60 $15.58 - 4.22 =$

61 $16.76 - 3.41 =$

62 $17.59 - 0.28 =$

63 $19.59 - 2.25 =$

받아내림이 있는 소수 두 자리 수의 뺄셈

● **6.45 − 2.56의 계산**

같은 자리 수끼리 뺄 수 없으면 바로 윗자리에서 10을 받아내려 계산합니다.

	3	10			5	13	10			5	13	10
	6 .	4̸	5			6̸ .	4̸	5			6̸ .	4̸	5
−	2 .	5	6	→	−	2 .	5	6	→	−	2 .	5	6
			9				8	9			3 .	8	9

　　10+5−6=9　　　　　13−5=8　　　　　5−2=3

○ **계산해 보세요.**

1

```
    1 . 4 3
−   0 . 2 9
```

2

```
    1 . 5 2
−   0 . 2 4
```

3

```
    2 . 6 3
−   1 . 1 8
```

4

```
    3 . 3 8
−   1 . 7 3
```

5

```
    4 . 7 6
−   2 . 9 2
```

6

```
    6 . 2 7
−   0 . 8 5
```

7

```
    7 . 2 5
−   3 . 4 8
```

8

```
    8 . 1 4
−   1 . 2 8
```

9

```
    9 . 3 6
−   4 . 9 7
```

⑩
```
   0. 5 2
−  0. 3 5
```

⑯
```
   6. 2 8
−  3. 3 7
```

㉒
```
  1 1. 0 2
−    3. 7 3
```

⑪
```
   1. 6 4
−  0. 2 7
```

⑰
```
   7. 2 3
−  4. 5 2
```

㉓
```
  1 4. 2 3
−    1. 3 8
```

⑫
```
   2. 7 1
−  0. 5 3
```

⑱
```
   8. 1 8
−  0. 4 4
```

㉔
```
  1 5. 1 1
−    3. 2 9
```

⑬
```
   3. 6 4
−  1. 0 8
```

⑲
```
   8. 3 9
−  1. 8 6
```

㉕
```
  1 6. 4 3
−    0. 9 7
```

⑭
```
   4. 9 3
−  0. 7 6
```

⑳
```
   9. 2 6
−  2. 6 1
```

㉖
```
  1 8. 2 2
−    2. 6 4
```

⑮
```
   5. 8 5
−  2. 5 7
```

㉑
```
   9. 6 5
−  4. 8 5
```

㉗
```
  1 9. 0 4
−    4. 7 9
```

○ 계산해 보세요.

㉘ 0.42－0.15＝

㉝ 4.37－1.64＝

㊳ 7.24－2.86＝

㉙ 0.63－0.28＝

㉞ 4.48－2.93＝

㊴ 7.35－0.79＝

㉚ 1.54－0.36＝

㉟ 5.16－0.65＝

㊵ 8.52－4.97＝

㉛ 2.75－0.39＝

㊱ 6.09－4.53＝

㊶ 9.41－2.54＝

㉜ 3.83－1.59＝

㊲ 6.32－0.72＝

㊷ 9.67－3.88＝

㊸ 1.42−0.39=

㊹ 2.83−1.58=

㊺ 3.75−0.16=

㊻ 4.51−4.34=

㊼ 4.52−3.27=

㊽ 5.44−2.15=

㊾ 5.75−2.67=

㊿ 6.04−0.71=

(51) 6.38−3.92=

(52) 7.26−0.62=

(53) 7.57−3.73=

(54) 8.09−1.67=

(55) 8.69−0.95=

(56) 9.42−1.52=

(57) 10.24−4.69=

(58) 12.23−2.77=

(59) 13.31−1.85=

(60) 15.32−4.64=

(61) 17.16−1.37=

(62) 18.44−1.99=

(63) 19.53−2.65=

자릿수가 다른 소수의 뺄셈

● **3.54 − 1.7의 계산**

자릿수가 다른 소수의 뺄셈을 할 때는 **오른쪽 끝자리 뒤에 0**이 있는 것으로 생각하여 소수점끼리 자리를 맞추어 계산합니다.

$$
\begin{array}{r}
3.54 \\
-\,1.70 \\
\hline
4
\end{array}
\quad\rightarrow\quad
\begin{array}{r}
{}^{2}\!\!\!\!\!\!\!\!{}^{10} \\
\cancel{3}.54 \\
-\,1.7 \\
\hline
84
\end{array}
\quad\rightarrow\quad
\begin{array}{r}
{}^{2}\!\!\!\!\!\!\!\!{}^{10} \\
\cancel{3}.54 \\
-\,1.7 \\
\hline
1.84
\end{array}
$$

4−0=4   10+5−7=8   2−1=1

○ 계산해 보세요.

①
```
    1 . 6 5
 −  0 . 2
```

②
```
    2 . 7 4
 −  1 . 1
```

③
```
    5 . 3 6
 −  0 . 5
```

④
```
    7 . 5 2
 −  4 . 9
```

⑤
```
    1 . 8
 −  0 . 3 3
```

⑥
```
    3 . 6
 −  1 . 2 5
```

⑦
```
    6 . 7
 −  2 . 4 8
```

⑧
```
    8 . 2
 −  4 . 7 7
```

⑨
```
    9 . 1
 −  3 . 9 1
```

⑩
```
    1.7 3
  − 0.2
```

⑯
```
    1 2.5 6
  −     1.7
```

㉒
```
    7.4
  − 2.3 7
```

⑪
```
    3.9 5
  − 0.6
```

⑰
```
    1 7.1 8
  −     0.3
```

㉓
```
    8.7
  − 3.1 3
```

⑫
```
    4.7 1
  − 2.5
```

⑱
```
    1 9.4 2
  −     3.8
```

㉔
```
    9.2
  − 1.2 5
```

⑬
```
    6.8 4
  − 4.4
```

⑲
```
    2.6
  − 1.0 2
```

㉕
```
    1 0.4
  −     0.5 9
```

⑭
```
    7.2 7
  − 4.8
```

⑳
```
    4.9
  − 2.5 4
```

㉖
```
    1 4.6
  −     4.8 8
```

⑮
```
    9.0 6
  − 3.3
```

㉑
```
    5.7
  − 3.4 6
```

㉗
```
    1 7.3
  −     2.6 4
```

○ 계산해 보세요.

28 1.52−0.3=

29 2.93−0.4=

30 3.65−1.5=

31 4.81−0.2=

32 5.34−4.6=

33 6.07−3.5=

34 7.29−2.8=

35 2.3−0.15=

36 3.7−1.36=

37 4.8−3.64=

38 5.6−0.17=

39 6.3−3.49=

40 7.4−2.72=

41 8.5−1.55=

42 9.1−4.38=

43   $1.46 - 0.3 =$

44   $3.84 - 1.5 =$

45   $4.67 - 2.2 =$

46   $5.95 - 1.8 =$

47   $7.63 - 3.5 =$

48   $8.12 - 2.8 =$

49   $9.38 - 1.6 =$

50   $11.29 - 3.7 =$

51   $16.51 - 2.8 =$

52   $19.13 - 4.5 =$

53   $2.8 - 1.46 =$

54   $3.7 - 0.13 =$

55   $4.6 - 3.25 =$

56   $5.8 - 4.54 =$

57   $6.7 - 1.53 =$

58   $7.9 - 3.86 =$

59   $8.5 - 0.92 =$

60   $9.4 - 4.49 =$

61   $12.2 - 2.87 =$

62   $15.3 - 3.83 =$

63   $18.4 - 1.75 =$

38 어떤 수 구하기

원리 **덧셈식을 뺄셈식으로 나타내기**

$$■+▲=● → \begin{cases} ▲=●-■ \\ ■=●-▲ \end{cases}$$

적용 **덧셈식의 어떤 수(□) 구하기**

- $2.4+□=3.6$
  → $□=3.6-2.4=1.2$
- $□+1.2=3.6$
  → $□=3.6-1.2=2.4$

원리 **뺄셈식을 덧셈식으로 나타내기**

$$●-▲=■ → \begin{cases} ●=■+▲ \\ ●=▲+■ \end{cases}$$

적용 **뺄셈식의 어떤 수(□) 구하기**

- $3.6-□=1.2$
  → $1.2+□=3.6$
  → $□=3.6-1.2=2.4$
- $□-2.4=1.2$
  → $□=1.2+2.4=3.6$

● 어떤 수(□)를 구하려고 합니다. 빈칸에 알맞은 수를 써넣으세요.

1 $0.3+\boxed{}=1.8$

$1.8-0.3=\boxed{}$

3 $\boxed{}+0.9=3.3$

$3.3-0.9=\boxed{}$

2 $1.6+\boxed{}=3.7$

$3.7-1.6=\boxed{}$

4 $\boxed{}+1.9=6.1$

$6.1-1.9=\boxed{}$

⑤ $2.67 - \boxed{} = 0.54$

$2.67 - 0.54 = \boxed{}$

⑥ $4.41 - \boxed{} = 3.23$

$4.41 - 3.23 = \boxed{}$

⑦ $7.02 - \boxed{} = 1.36$

$7.02 - 1.36 = \boxed{}$

⑧ $8.83 - \boxed{} = 4.4$

$8.83 - 4.4 = \boxed{}$

⑨ $10.5 - \boxed{} = 2.74$

$10.5 - 2.74 = \boxed{}$

⑩ $\boxed{} - 1.32 = 0.63$

$0.63 + 1.32 = \boxed{}$

⑪ $\boxed{} - 2.05 = 3.67$

$3.67 + 2.05 = \boxed{}$

⑫ $\boxed{} - 4.49 = 6.85$

$6.85 + 4.49 = \boxed{}$

⑬ $\boxed{} - 1.4 = 7.94$

$7.94 + 1.4 = \boxed{}$

⑭ $\boxed{} - 4.84 = 9.2$

$9.2 + 4.84 = \boxed{}$

○ 어떤 수(☐)를 구하려고 합니다. 빈칸에 알맞은 수를 써넣으세요.

⑮ $1.5 +$ ☐ $= 2.7$

㉑ ☐ $+ 0.6 = 1.9$

⑯ $3.8 +$ ☐ $= 4.6$

㉒ ☐ $+ 2.3 = 3.1$

⑰ $2.16 +$ ☐ $= 5.68$

㉓ ☐ $+ 1.03 = 4.85$

⑱ $0.65 +$ ☐ $= 6.04$

㉔ ☐ $+ 4.72 = 7.23$

⑲ $2.7 +$ ☐ $= 7.82$

㉕ ☐ $+ 1.7 = 10.68$

⑳ $4.93 +$ ☐ $= 10.4$

㉖ ☐ $+ 3.19 = 13.3$

27 $2.8 - \boxed{} = 1.7$

28 $3.2 - \boxed{} = 0.3$

29 $6.75 - \boxed{} = 2.21$

30 $9.47 - \boxed{} = 2.98$

31 $11.38 - \boxed{} = 7.2$

32 $14.1 - \boxed{} = 12.74$

33 $\boxed{} - 1.4 = 0.5$

34 $\boxed{} - 2.6 = 2.7$

35 $\boxed{} - 1.62 = 3.23$

36 $\boxed{} - 0.48 = 5.79$

37 $\boxed{} - 3.2 = 8.95$

38 $\boxed{} - 1.89 = 12.6$

39 계산 Plus+

소수의 뺄셈

○ 빈칸에 알맞은 수를 써넣으세요.

1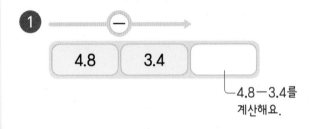

| 4.8 | 3.4 | |

└ 4.8−3.4를
계산해요.

2

| 6.3 | 2.7 | |

3

| 8.5 | 2.9 | |

4

| 3.77 | 1.74 | |

5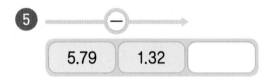

| 5.79 | 1.32 | |

6

| 11.34 | 4.96 | |

7

| 3.12 | 0.8 | |

8

| 7.4 | 3.45 | |

9　5.7

↓

−1.2

↓

[ ]

└─ 5.7−1.2를
계산해요.

10　7.2

↓

−4.8

↓

[ ]

11　9.4

↓

−3.6

↓

[ ]

12　5.66

↓

−3.25

↓

[ ]

13　7.09

↓

−2.58

↓

[ ]

14　10.14

↓

−4.37

↓

[ ]

15　8.47

↓

−2.5

↓

[ ]

16　12.9

↓

−1.37

↓

[ ]

● 사다리를 타고 내려가서 도착한 곳에 계산 결과를 써넣으세요.

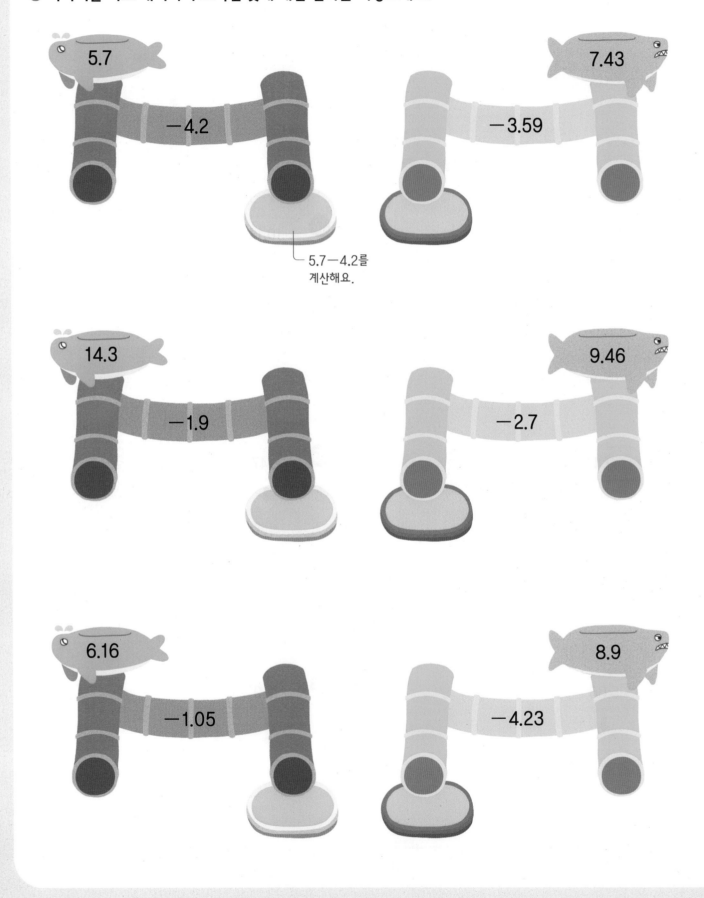

5.7

−4.2

5.7−4.2를
계산해요.

7.43

−3.59

14.3

−1.9

9.46

−2.7

6.16

−1.05

8.9

−4.23

○ 가로 열쇠와 세로 열쇠를 보고 ☐ 안에 알맞은 수를 차례대로 써넣어 퍼즐을 완성해 보세요.

가로 열쇠

❶ 4.5 − 3.2 = ☐1☐.☐3☐

❸ 8.24 − 4.79 = ☐.☐☐

❺ 13.4 − 3.53 = ☐.☐☐

세로 열쇠

❷ 5.2 − 1.9 = ☐.☐

❹ 8.57 − 2.68 = ☐.☐☐

❻ 10.3 − 7.83 = ☐.☐☐

40 소수의 뺄셈 평가

O 계산해 보세요.

①
```
    4. 6
−   2. 3
```

②
```
    8. 9
−   3. 5
```

③
```
    9. 1
−   4. 6
```

④
```
    3. 7 2
−   1. 4 1
```

⑤
```
    7. 5 9
−   1. 0 2
```

⑥
```
  1 0. 2 7
−    3. 9 8
```

⑦
```
    6. 1 6
−   0. 8
```

⑧
```
    5. 3
−   2. 3 5
```

9 5.8−3.2＝

10 6.2−2.5＝

11 6.98−0.45＝

12 9.03−1.58＝

13 7.28−1.1＝

14 8.32−3.4＝

15 11.3−4.52＝

○ 빈칸에 알맞은 수를 써넣으세요.

16
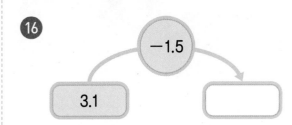

17
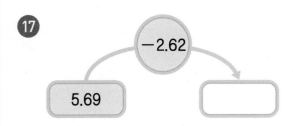

18
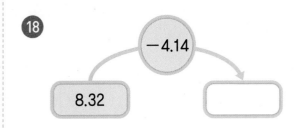

19
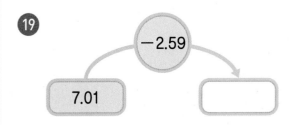

20
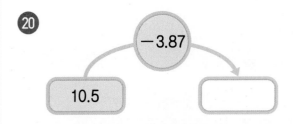

실력평가

공부한 날짜   월   일

○ 계산해 보세요. [①~⑫]

① $\dfrac{2}{5} + \dfrac{1}{5} =$

② $\dfrac{4}{9} + \dfrac{7}{9} =$

③ $\dfrac{9}{11} + \dfrac{10}{11} =$

④ $1\dfrac{3}{14} + 2\dfrac{5}{14} =$

⑤ $3\dfrac{7}{16} + 1\dfrac{12}{16} =$

⑥ $4\dfrac{9}{20} + \dfrac{26}{20} =$

⑦ $\dfrac{3}{6} - \dfrac{1}{6} =$

⑧ $3\dfrac{4}{7} - 2\dfrac{2}{7} =$

⑨ $1 - \dfrac{2}{9} =$

⑩ $5 - 2\dfrac{9}{14} =$

⑪ $7\dfrac{5}{16} - 4\dfrac{7}{16} =$

⑫ $8\dfrac{14}{19} - \dfrac{27}{19} =$

○ 분수를 소수로 나타내고 읽어 보세요. [⑬~⑭]

⑬ $\dfrac{85}{100}$ = ☐

읽기 _____

⑭ $1\dfrac{214}{1000}$ = ☐

읽기 _____

○ 두 수의 크기를 비교하여 ◯ 안에 >, =, <를 알맞게 써넣으세요. [⑮~⑯]

⑮ 3.42 ◯ 2.76

⑯ 0.813 ◯ 0.802

○ 계산해 보세요. [⑰~㉕]

⑰ 0.5 + 0.2 =

⑱ 1.1 + 0.6 =

⑲ 3.64 + 4.21 =

⑳ 4.32 + 5.16 =

㉑ 4.7 − 2.1 =

㉒ 8.5 − 1.3 =

㉓ 9.87 − 4.71 =

㉔ 12.49 − 1.36 =

㉕ 14.65 − 4.41 =

○ 계산해 보세요. [1~12]

1 $\dfrac{1}{6} + \dfrac{4}{6} =$

2 $\dfrac{5}{7} + \dfrac{4}{7} =$

3 $2\dfrac{4}{8} + 1\dfrac{2}{8} =$

4 $3\dfrac{10}{12} + 3\dfrac{7}{12} =$

5 $6\dfrac{8}{13} + 2\dfrac{11}{13} =$

6 $9\dfrac{7}{19} + \dfrac{40}{19} =$

7 $\dfrac{7}{8} - \dfrac{2}{8} =$

8 $4\dfrac{6}{9} - 3\dfrac{5}{9} =$

9 $4 - \dfrac{7}{11} =$

10 $7\dfrac{1}{15} - 3\dfrac{9}{15} =$

11 $8\dfrac{8}{17} - 6\dfrac{14}{17} =$

12 $9\dfrac{13}{20} - \dfrac{42}{20} =$

○ ◻ 안에 알맞은 수나 말을 써넣으세요. [⑬~⑭]

⑬ 1.26에서 6은 ◻ 자리
숫자이고, ◻ 을(를) 나타냅니다.

⑭ 0.485에서 4는 ◻ 자리
숫자이고, ◻ 을(를) 나타냅니다.

○ 두 수의 크기를 비교하여 ◯ 안에 >, =, <를
알맞게 써넣으세요. [⑮~⑯]

⑮ 2.5 ◯ 2.57

⑯ 7.24 ◯ 7.164

○ 계산해 보세요. [⑰~㉕]

⑰ 1.4＋2.8＝

⑱ 1.7＋3.5＝

⑲ 2.35＋4.16＝

⑳ 5.71＋2.83＝

㉑ 6.47＋10.94＝

㉒ 7.2－4.8＝

㉓ 8.4－5.9＝

㉔ 10.72－2.43＝

㉕ 15.31－4.96＝

○ 계산해 보세요. [①~⑫]

① $\dfrac{5}{8} + \dfrac{2}{8} =$

⑦ $\dfrac{8}{10} - \dfrac{5}{10} =$

② $\dfrac{7}{9} + \dfrac{8}{9} =$

⑧ $3\dfrac{11}{12} - 1\dfrac{7}{12} =$

③ $3\dfrac{3}{12} + 2\dfrac{8}{12} =$

⑨ $5 - 3\dfrac{10}{13} =$

④ $3\dfrac{13}{15} + 2\dfrac{14}{15} =$

⑩ $7\dfrac{4}{16} - 2\dfrac{11}{16} =$

⑤ $6\dfrac{9}{16} + \dfrac{54}{16} =$

⑪ $9\dfrac{7}{18} - \dfrac{60}{18} =$

⑥ $\dfrac{89}{18} + 5\dfrac{12}{18} =$

⑫ $\dfrac{60}{19} - 2\dfrac{7}{19} =$

○ 소수로 나타내어 보세요. [⑬ ~ ⑭]

⑬ | 0.01이 312개인 수 |

(   )

⑭ | 0.001이 82개인 수 |

(   )

○ ☐ 안에 알맞은 수를 써넣으세요. [⑮ ~ ⑯]

⑮ 1.592의 10배는 ☐ 이고,
100배는 ☐ 입니다.

⑯ 6.4의 $\frac{1}{10}$ 은 ☐ 이고,
$\frac{1}{100}$ 은 ☐ 입니다.

○ 계산해 보세요. [⑰ ~ ㉕]

⑰ $4.59 + 5.86 =$

⑱ $5.74 + 6.79 =$

⑲ $6.67 + 2.9 =$

⑳ $7.4 + 0.81 =$

㉑ $8.26 - 5.93 =$

㉒ $12.62 - 6.15 =$

㉓ $13.15 - 4.77 =$

㉔ $17.37 - 2.9 =$

㉕ $22.7 - 1.28 =$

memo

완자

공부력

정답

계
산
×

초등 수학

4B

4학년

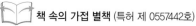 책 속의 가접 별책 (특허 제 0557442호)

'정답'은 본책에서 쉽게 분리할 수 있도록 제작되었으므로
유통 과정에서 분리될 수 있으나 파본이 아닌 정상 제품입니다.

ABOVE IMAGINATION

우리는 남다른 상상과 혁신으로
교육 문화의 새로운 전형을 만들어
모든 이의 행복한 경험과 성장에 기여한다

완자

공부력

초등 수학
계산 4B

· · · ·

정답

· **완자 공부력 가이드**   2

· **정답** ────────────────────

1   분수의 덧셈   6

2   분수의 뺄셈   14

3   소수   25

4   소수의 덧셈   28

5   소수의 뺄셈   33

·   **실력 평가**   39

완자
공부력 가이드

완자 공부력 시리즈는
앞으로도 계속 출간될 예정입니다.

국어
맞춤법
바로 쓰기
1~2학년용
4책

쓰기력

전과목
어휘
1~6학년용
12책

전과목
한자
어휘
1~6학년용
12책

영어
파닉스
1~2학년용
2책

영어
영단어
3~6학년용
8책

어휘력

국어
독해
1~6학년용
12책

한국사
독해
인물편
3~6학년용
4책

한국사
독해
시대편
3~6학년용
4책

독해력

수학
계산
1~6학년용
12책

계산력

완자 공부력 시리즈로 공부 근육을 키워요!

매일 성장하는
초등 자기개발서
ⓦ 완자
공부력

학습의 기초가 되는 읽기, 쓰기, 셈하기와 관련된
공부력을 키워야 여러 교과를 터득하기 쉬워집니다.
또한 어휘력과 독해력, 쓰기력, 계산력을 바탕으로 한
'공부력'은 자기주도 학습으로 상당한 단계까지 올라갈 수
있는 밑바탕이 되어 줍니다. 그래서 매일 꾸준한 학습이
가능한 '**완자 공부력 시리즈**'로 공부하면 **자기주도학습이
가능한 튼튼한 공부 근육**을 키울 수 있을 것이라 확신합니다.

효과적인 공부력 강화 계획을 세워요!

학년별 공부 계획

내 학년에 맞게 꾸준하게 공부 계획을 세워요!

		1-2학년	3-4학년	5-6학년
기본	독해	국어 독해 1A 1B 2A 2B	국어 독해 3A 3B 4A 4B	국어 독해 5A 5B 6A 6B
	계산	수학 계산 1A 1B 2A 2B	수학 계산 3A 3B 4A 4B	수학 계산 5A 5B 6A 6B
	어휘	전과목 어휘 1A 1B 2A 2B	전과목 어휘 3A 3B 4A 4B	전과목 어휘 5A 5B 6A 6B
		파닉스 1 2	영단어 3A 3B 4A 4B	영단어 5A 5B 6A 6B
확장	어휘	전과목 한자 어휘 1A 1B 2A 2B	전과목 한자 어휘 3A 3B 4A 4B	전과목 한자 어휘 5A 5B 6A 6B
	쓰기	맞춤법 바로 쓰기 1A 1B 2A 2B		
	독해		한국사 독해 인물편 1 2 3 4	
			한국사 독해 시대편 1 2 3 4	

○ 시기별 공부 계획

학기 중에는 **기본**, 방학 중에는 **기본 + 확장**으로 공부 계획을 세워요!

방학 중			
학기 중			
기본			확장
독해	계산	어휘	어휘, 쓰기, 독해
국어 독해	수학 계산	전과목 어휘	전과목 한자 어휘
		파닉스(1~2학년) 영단어(3~6학년)	맞춤법 바로 쓰기(1~2학년) 한국사 독해(3~6학년)

예시 초1 학기 중 공부 계획표 주 5일 하루 3과목 (45분)

월	화	수	목	금
국어 독해	국어 독해	국어 독해	국어 독해	국어 독해
수학 계산	수학 계산	수학 계산	수학 계산	수학 계산
전과목 어휘	파닉스	전과목 어휘	전과목 어휘	파닉스

예시 초4 방학 중 공부 계획표 주 5일 하루 4과목 (60분)

월	화	수	목	금
국어 독해	국어 독해	국어 독해	국어 독해	국어 독해
수학 계산	수학 계산	수학 계산	수학 계산	수학 계산
전과목 어휘	영단어	전과목 어휘	전과목 어휘	영단어
한국사 독해 인물편	전과목 한자 어휘	한국사 독해 인물편	전과목 한자 어휘	한국사 독해 인물편

1 분수의 덧셈

01 합이 1보다 작고 분모가 같은 (진분수) + (진분수)

10쪽

① $\dfrac{2}{3}$

② $\dfrac{3}{4}$

③ $\dfrac{4}{5}$

④ $\dfrac{5}{6}$

⑤ $\dfrac{5}{7}$

⑥ $\dfrac{6}{7}$

⑦ $\dfrac{7}{8}$

⑧ $\dfrac{5}{8}$

⑨ $\dfrac{3}{9}$

⑩ $\dfrac{7}{9}$

⑪ $\dfrac{9}{10}$

⑫ $\dfrac{5}{10}$

11쪽

⑬ $\dfrac{10}{11}$

⑭ $\dfrac{9}{11}$

⑮ $\dfrac{8}{12}$

⑯ $\dfrac{8}{13}$

⑰ $\dfrac{11}{13}$

⑱ $\dfrac{10}{14}$

⑲ $\dfrac{13}{15}$

⑳ $\dfrac{13}{17}$

㉑ $\dfrac{12}{17}$

㉒ $\dfrac{8}{18}$

㉓ $\dfrac{5}{19}$

㉔ $\dfrac{15}{19}$

㉕ $\dfrac{10}{20}$

㉖ $\dfrac{18}{21}$

㉗ $\dfrac{12}{22}$

㉘ $\dfrac{11}{23}$

㉙ $\dfrac{17}{25}$

㉚ $\dfrac{8}{26}$

㉛ $\dfrac{17}{27}$

㉜ $\dfrac{12}{29}$

㉝ $\dfrac{11}{30}$

12쪽

㉞ $\dfrac{4}{5}$

㉟ $\dfrac{3}{6}$

㊱ $\dfrac{4}{7}$

㊲ $\dfrac{6}{7}$

㊳ $\dfrac{4}{8}$

㊴ $\dfrac{7}{8}$

㊵ $\dfrac{8}{9}$

㊶ $\dfrac{5}{9}$

㊷ $\dfrac{8}{10}$

㊸ $\dfrac{6}{10}$

㊹ $\dfrac{9}{11}$

㊺ $\dfrac{8}{12}$

㊻ $\dfrac{10}{12}$

㊼ $\dfrac{10}{13}$

㊽ $\dfrac{6}{14}$

㊾ $\dfrac{14}{15}$

㊿ $\dfrac{7}{16}$

51 $\dfrac{12}{17}$

52 $\dfrac{9}{18}$

53 $\dfrac{14}{19}$

54 $\dfrac{13}{20}$

13쪽

55 $\dfrac{17}{21}$

56 $\dfrac{12}{22}$

57 $\dfrac{6}{23}$

58 $\dfrac{12}{25}$

59 $\dfrac{16}{27}$

60 $\dfrac{20}{28}$

61 $\dfrac{12}{29}$

62 $\dfrac{12}{31}$

63 $\dfrac{10}{33}$

64 $\dfrac{9}{34}$

65 $\dfrac{23}{35}$

66 $\dfrac{14}{36}$

67 $\dfrac{14}{38}$

68 $\dfrac{28}{40}$

69 $\dfrac{20}{42}$

70 $\dfrac{16}{43}$

71 $\dfrac{28}{44}$

72 $\dfrac{14}{45}$

73 $\dfrac{26}{47}$

74 $\dfrac{16}{48}$

75 $\dfrac{44}{49}$

02 합이 I보다 크고 분모가 같은 (진분수) + (진분수)

14쪽 ❶ 계산 결과를 대분수로 나타내지 않아도 정답으로 인정합니다.

❶ $1\frac{1}{3}$

❷ $1\frac{2}{4}$

❸ $1\frac{2}{5}$

❹ $1\frac{1}{6}$

❺ $1\frac{2}{7}$

❻ $1\frac{2}{8}$

❼ $1\frac{2}{9}$

❽ $1\frac{6}{9}$

❾ $1\frac{2}{10}$

❿ $1\frac{4}{10}$

⓫ $1\frac{3}{11}$

⓬ $1\frac{5}{11}$

15쪽

⓭ $1\frac{1}{12}$

⓮ $1\frac{3}{13}$

⓯ 1

⓰ $1\frac{3}{14}$

⓱ $1\frac{2}{15}$

⓲ $1\frac{6}{16}$

⓳ $1\frac{1}{17}$

⓴ $1\frac{5}{17}$

㉑ $1\frac{3}{19}$

㉒ $1\frac{2}{20}$

㉓ $1\frac{8}{21}$

㉔ 1

㉕ $1\frac{2}{22}$

㉖ $1\frac{1}{23}$

㉗ $1\frac{6}{24}$

㉘ $1\frac{1}{25}$

㉙ $1\frac{9}{26}$

㉚ $1\frac{7}{27}$

㉛ 1

㉜ $1\frac{4}{29}$

㉝ $1\frac{22}{29}$

16쪽

㉞ $1\frac{1}{5}$

㉟ $1\frac{1}{6}$

㊱ 1

㊲ $1\frac{5}{7}$

㊳ $1\frac{1}{8}$

㊴ $1\frac{5}{8}$

㊵ $1\frac{4}{9}$

㊶ $1\frac{2}{10}$

㊷ $1\frac{6}{11}$

㊸ $1\frac{4}{12}$

㊹ $1\frac{1}{12}$

㊺ $1\frac{2}{13}$

㊻ $1\frac{1}{14}$

㊼ 1

㊽ $1\frac{3}{15}$

㊾ $1\frac{5}{16}$

㊿ $1\frac{3}{17}$

51 $1\frac{4}{17}$

52 $1\frac{7}{18}$

53 $1\frac{5}{19}$

54 $1\frac{13}{19}$

17쪽

55 $1\frac{6}{20}$

56 $1\frac{6}{22}$

57 $1\frac{7}{23}$

58 $1\frac{1}{25}$

59 $1\frac{3}{26}$

60 $1\frac{6}{27}$

61 1

62 $1\frac{4}{29}$

63 $1\frac{3}{30}$

64 1

65 $1\frac{4}{33}$

66 $1\frac{7}{35}$

67 $1\frac{6}{36}$

68 $1\frac{4}{37}$

69 $1\frac{6}{39}$

70 $1\frac{6}{40}$

71 $1\frac{4}{42}$

72 $1\frac{10}{45}$

73 $1\frac{1}{46}$

74 $1\frac{11}{49}$

75 $1\frac{21}{50}$

○3 계산 Plus + 분모가 같은 (진분수) + (진분수)

18쪽 ❗ 계산 결과를 대분수로 나타내지 않아도 정답으로 인정합니다.

19쪽

❶ $\dfrac{3}{5}$

❺ $1\dfrac{1}{4}$

❾ $\dfrac{6}{7}$

⑫ $1\dfrac{2}{5}$

❷ $\dfrac{6}{8}$

❻ $1\dfrac{3}{7}$

❿ $\dfrac{7}{9}$

⑬ $1\dfrac{2}{8}$

❸ $\dfrac{10}{11}$

❼ $1\dfrac{3}{10}$

⓫ $\dfrac{13}{15}$

⑭ $1\dfrac{5}{15}$

❹ $\dfrac{14}{16}$

❽ $1\dfrac{8}{19}$

20쪽

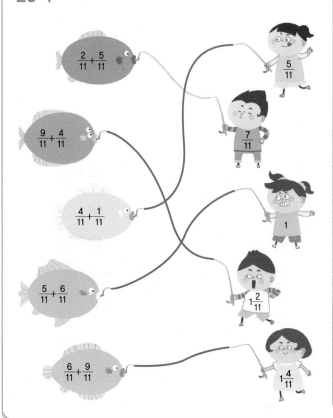

21쪽

04 진분수 부분의 합이 1보다 작고 분모가 같은 (대분수)+(대분수)

22쪽

❗ 계산 결과를 대분수로 나타내지 않아도 정답으로 인정합니다.

① $3\frac{2}{3}$	⑤ $3\frac{5}{6}$	⑨ $5\frac{5}{9}$
② $2\frac{2}{4}$	⑥ $4\frac{4}{7}$	⑩ $2\frac{7}{9}$
③ $2\frac{4}{5}$	⑦ $2\frac{4}{8}$	⑪ $2\frac{9}{10}$
④ $2\frac{3}{6}$	⑧ $3\frac{5}{8}$	⑫ $4\frac{9}{11}$

23쪽

⑬ $4\frac{5}{11}$	⑳ $2\frac{11}{18}$	㉗ $2\frac{21}{25}$
⑭ $2\frac{8}{12}$	㉑ $5\frac{17}{19}$	㉘ $11\frac{21}{25}$
⑮ $8\frac{10}{12}$	㉒ $2\frac{17}{20}$	㉙ $3\frac{16}{26}$
⑯ $3\frac{11}{14}$	㉓ $8\frac{17}{21}$	㉚ $6\frac{26}{27}$
⑰ $4\frac{13}{15}$	㉔ $7\frac{9}{22}$	㉛ $4\frac{15}{29}$
⑱ $4\frac{10}{16}$	㉕ $3\frac{12}{23}$	㉜ $7\frac{23}{29}$
⑲ $3\frac{15}{17}$	㉖ $6\frac{4}{24}$	㉝ $13\frac{28}{30}$

24쪽

㉞ $2\frac{4}{5}$	㊶ $6\frac{9}{10}$	㊽ $2\frac{12}{14}$
㉟ $2\frac{5}{6}$	㊷ $3\frac{7}{10}$	㊾ $8\frac{10}{15}$
㊱ $3\frac{5}{7}$	㊸ $2\frac{10}{11}$	㊿ $5\frac{12}{16}$
㊲ $2\frac{6}{7}$	㊹ $5\frac{6}{11}$	(51) $4\frac{11}{17}$
㊳ $3\frac{7}{8}$	㊺ $7\frac{9}{12}$	(52) $12\frac{15}{17}$
㊴ $5\frac{5}{9}$	㊻ $5\frac{12}{13}$	(53) $6\frac{15}{18}$
㊵ $5\frac{8}{9}$	㊼ $5\frac{9}{13}$	(54) $10\frac{13}{19}$

25쪽

(55) $7\frac{12}{19}$	(62) $3\frac{25}{30}$	(69) $6\frac{22}{41}$
(56) $4\frac{16}{20}$	(63) $2\frac{27}{31}$	(70) $14\frac{37}{41}$
(57) $2\frac{12}{21}$	(64) $5\frac{21}{33}$	(71) $7\frac{41}{43}$
(58) $6\frac{19}{23}$	(65) $9\frac{32}{34}$	(72) $4\frac{24}{44}$
(59) $7\frac{23}{25}$	(66) $7\frac{33}{37}$	(73) $10\frac{17}{45}$
(60) $5\frac{22}{26}$	(67) $5\frac{13}{39}$	(74) $12\frac{33}{47}$
(61) $2\frac{18}{29}$	(68) $3\frac{20}{40}$	(75) $8\frac{26}{48}$

1 분수의 덧셈

05 진분수 부분의 합이 1보다 크고 분모가 같은 (대분수)+(대분수)

26쪽 ❶ 계산 결과를 대분수로 나타내지 않아도 정답으로 인정합니다.

❶ $4\frac{1}{3}$

❷ $3\frac{1}{4}$

❸ $3\frac{1}{5}$

❹ $4\frac{2}{6}$

❺ $5\frac{3}{7}$

❻ $5\frac{1}{7}$

❼ $3\frac{1}{8}$

❽ $6\frac{1}{8}$

❾ 4

❿ $8\frac{3}{9}$

⓫ $3\frac{2}{10}$

⓬ $7\frac{1}{10}$

27쪽

⓭ $5\frac{2}{11}$

⓮ $8\frac{2}{11}$

⓯ $4\frac{2}{12}$

⓰ 9

⓱ $9\frac{5}{13}$

⓲ $8\frac{4}{14}$

⓳ $6\frac{1}{15}$

⓴ $7\frac{1}{16}$

㉑ $3\frac{2}{17}$

㉒ 5

㉓ $3\frac{11}{19}$

㉔ $8\frac{4}{20}$

㉕ $5\frac{4}{21}$

㉖ $8\frac{9}{21}$

㉗ 10

㉘ $9\frac{5}{23}$

㉙ $6\frac{2}{25}$

㉚ $8\frac{11}{25}$

㉛ $3\frac{18}{26}$

㉜ $6\frac{15}{27}$

㉝ $9\frac{3}{28}$

28쪽

㉞ $3\frac{2}{5}$

㉟ $3\frac{1}{6}$

㊱ $5\frac{2}{6}$

㊲ 4

㊳ $5\frac{6}{8}$

㊴ $8\frac{2}{8}$

㊵ $6\frac{4}{9}$

㊶ $4\frac{2}{10}$

㊷ $8\frac{7}{10}$

㊸ $3\frac{2}{11}$

㊹ $9\frac{4}{11}$

㊺ $3\frac{5}{13}$

㊻ $5\frac{1}{13}$

㊼ $6\frac{2}{14}$

㊽ $7\frac{1}{15}$

㊾ 5

㊿ $6\frac{1}{20}$

51 $3\frac{4}{21}$

52 $8\frac{3}{22}$

53 $4\frac{4}{23}$

54 $9\frac{18}{23}$

29쪽

55 $3\frac{3}{25}$

56 $8\frac{5}{26}$

57 $5\frac{1}{27}$

58 $8\frac{7}{27}$

59 $3\frac{3}{28}$

60 $5\frac{6}{29}$

61 7

62 $6\frac{1}{31}$

63 $6\frac{4}{31}$

64 $3\frac{7}{33}$

65 $4\frac{7}{34}$

66 $5\frac{1}{35}$

67 $5\frac{4}{37}$

68 $3\frac{10}{38}$

69 $5\frac{5}{39}$

70 $3\frac{20}{40}$

71 $8\frac{10}{41}$

72 7

73 $5\frac{5}{43}$

74 5

75 $9\frac{18}{45}$

06 분모가 같은 (대분수) + (가분수)

30쪽 ❶ 계산 결과를 대분수로 나타내지 않아도 정답으로 인정합니다.

❶ $2\frac{3}{4}$

❷ $3\frac{2}{5}$

❸ $3\frac{3}{5}$

❹ $6\frac{4}{6}$

❺ $3\frac{4}{7}$

❻ $5\frac{5}{7}$

❼ $2\frac{6}{8}$

❽ $4\frac{7}{8}$

❾ $2\frac{2}{9}$

❿ $4\frac{4}{9}$

⓫ $6\frac{4}{10}$

⓬ $9\frac{6}{10}$

31쪽

⓭ $4\frac{2}{11}$

⓮ $3\frac{10}{11}$

⓯ $7\frac{9}{12}$

⓰ $4\frac{10}{13}$

⓱ $5\frac{8}{13}$

⓲ 7

⓳ $2\frac{13}{15}$

⓴ $4\frac{6}{15}$

㉑ $7\frac{14}{16}$

㉒ $3\frac{6}{17}$

㉓ $6\frac{16}{17}$

㉔ $4\frac{10}{18}$

㉕ $4\frac{2}{19}$

㉖ $7\frac{14}{19}$

㉗ $5\frac{4}{20}$

㉘ $3\frac{18}{23}$

㉙ $3\frac{12}{23}$

㉚ $6\frac{22}{24}$

㉛ $6\frac{7}{25}$

㉜ $8\frac{20}{26}$

㉝ $4\frac{23}{27}$

32쪽

㉞ $2\frac{3}{6}$

㉟ $3\frac{5}{6}$

㊱ $4\frac{5}{7}$

㊲ $3\frac{3}{7}$

㊳ $5\frac{5}{7}$

㊴ $3\frac{6}{8}$

㊵ $4\frac{5}{8}$

㊶ $7\frac{5}{9}$

㊷ 3

㊸ $8\frac{8}{9}$

㊹ $4\frac{8}{10}$

㊺ $3\frac{9}{10}$

㊻ $3\frac{6}{11}$

㊼ $7\frac{6}{11}$

㊽ $5\frac{4}{12}$

㊾ $4\frac{2}{12}$

㊿ $6\frac{11}{13}$

51 $2\frac{8}{13}$

52 $6\frac{10}{13}$

53 $3\frac{10}{14}$

54 $8\frac{10}{14}$

33쪽

55 $3\frac{10}{15}$

56 7

57 $3\frac{6}{16}$

58 $7\frac{3}{17}$

59 $4\frac{14}{17}$

60 $3\frac{14}{18}$

61 $4\frac{5}{19}$

62 $3\frac{12}{19}$

63 $8\frac{16}{20}$

64 $5\frac{15}{21}$

65 8

66 $4\frac{18}{23}$

67 $4\frac{1}{24}$

68 $3\frac{23}{27}$

69 $5\frac{14}{29}$

70 $3\frac{4}{29}$

71 $5\frac{12}{31}$

72 $9\frac{33}{34}$

73 $7\frac{32}{35}$

74 $3\frac{3}{37}$

75 $7\frac{34}{38}$

07 계산 Plus + 분모가 같은 (대분수)＋(대분수), (대분수)＋(가분수)

34쪽 ❗ 계산 결과를 대분수로 나타내지 않아도 정답으로 인정합니다.

❶ $6\frac{5}{7}$

❷ $9\frac{5}{8}$

❸ $7\frac{9}{12}$

❹ $4\frac{1}{4}$

❺ $6\frac{2}{9}$

❻ $7\frac{4}{17}$

❼ $4\frac{4}{5}$

❽ $9\frac{2}{8}$

35쪽

❾ $5\frac{4}{5}$

❿ $3\frac{10}{11}$

⓫ $7\frac{15}{18}$

⓬ $8\frac{3}{7}$

⓭ $9\frac{4}{13}$

⓮ 4

⓯ $5\frac{1}{3}$

⓰ $5\frac{5}{6}$

⓱ $4\frac{6}{10}$

⓲ $5\frac{15}{19}$

36쪽

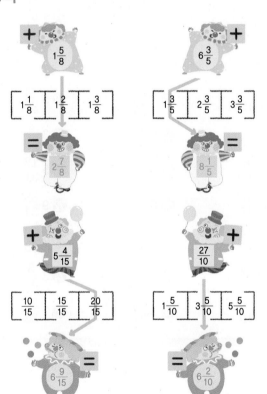

37쪽

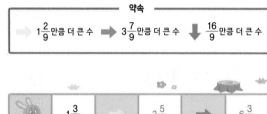

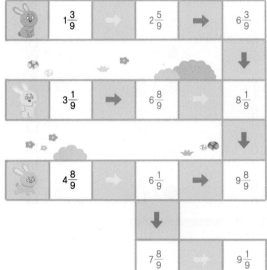

38쪽 ❶ 계산 결과를 대분수로 나타내지 않아도 정답으로 인정합니다.　**39쪽**

❶ $\dfrac{5}{7}$

❷ $\dfrac{9}{13}$

❸ $\dfrac{15}{18}$

❹ $1\dfrac{3}{6}$

❺ $1\dfrac{3}{9}$

❻ $1\dfrac{5}{15}$

❼ $5\dfrac{4}{6}$

❽ $7\dfrac{7}{10}$

❾ $5\dfrac{9}{14}$

❿ $6\dfrac{2}{5}$

⓫ 5

⓬ $9\dfrac{2}{17}$

⓭ $7\dfrac{3}{4}$

⓮ $7\dfrac{4}{5}$

⓯ $3\dfrac{7}{9}$

⓰ $5\dfrac{2}{12}$

⓱ $1\dfrac{4}{7}$

⓲ $7\dfrac{5}{8}$

⓳ $9\dfrac{2}{4}$

⓴ $6\dfrac{2}{5}$

09 분모가 같은 (진분수) − (진분수)

42쪽

❶ $\frac{1}{3}$

❷ $\frac{2}{4}$

❸ $\frac{3}{6}$

❹ $\frac{2}{7}$

❺ $\frac{1}{7}$

❻ $\frac{5}{8}$

❼ $\frac{1}{9}$

❽ $\frac{6}{9}$

❾ $\frac{1}{10}$

❿ $\frac{2}{11}$

⓫ $\frac{8}{11}$

⓬ $\frac{5}{12}$

43쪽

⓭ $\frac{3}{13}$

⓮ $\frac{6}{13}$

⓯ $\frac{3}{14}$

⓰ $\frac{4}{15}$

⓱ $\frac{7}{16}$

⓲ $\frac{2}{17}$

⓳ $\frac{10}{17}$

⓴ $\frac{14}{18}$

㉑ $\frac{2}{19}$

㉒ $\frac{9}{19}$

㉓ $\frac{5}{20}$

㉔ $\frac{3}{21}$

㉕ $\frac{13}{21}$

㉖ $\frac{7}{22}$

㉗ $\frac{7}{23}$

㉘ $\frac{1}{25}$

㉙ $\frac{15}{25}$

㉚ $\frac{10}{26}$

㉛ $\frac{7}{27}$

㉜ $\frac{8}{29}$

㉝ $\frac{15}{30}$

44쪽

㉞ $\frac{2}{5}$

㉟ $\frac{3}{6}$

㊱ $\frac{1}{7}$

㊲ $\frac{2}{7}$

㊳ $\frac{2}{8}$

㊴ $\frac{3}{8}$

㊵ $\frac{2}{9}$

㊶ $\frac{1}{9}$

㊷ $\frac{3}{10}$

㊸ $\frac{5}{10}$

㊹ $\frac{3}{11}$

㊺ $\frac{3}{12}$

㊻ $\frac{7}{12}$

㊼ $\frac{3}{13}$

㊽ $\frac{6}{14}$

㊾ $\frac{4}{15}$

㊿ $\frac{6}{16}$

51 $\frac{1}{17}$

52 $\frac{6}{18}$

53 $\frac{5}{19}$

54 $\frac{11}{20}$

45쪽

55 $\frac{4}{21}$

56 $\frac{4}{22}$

57 $\frac{19}{23}$

58 $\frac{11}{25}$

59 $\frac{5}{27}$

60 $\frac{14}{28}$

61 $\frac{14}{29}$

62 $\frac{3}{31}$

63 $\frac{7}{33}$

64 $\frac{16}{34}$

65 $\frac{10}{35}$

66 $\frac{19}{36}$

67 $\frac{6}{38}$

68 $\frac{14}{40}$

69 $\frac{14}{42}$

70 $\frac{8}{43}$

71 $\frac{8}{44}$

72 $\frac{32}{45}$

73 $\frac{10}{47}$

74 $\frac{37}{48}$

75 $\frac{18}{49}$

10 진분수 부분끼리 뺄 수 있고 분모가 같은 (대분수)-(대분수)

46쪽

❗ 계산 결과를 대분수로 나타내지 않아도 정답으로 인정합니다.

① $2\frac{1}{3}$
② $2\frac{1}{4}$
③ $1\frac{2}{5}$
④ $1\frac{3}{6}$
⑤ $1\frac{4}{7}$
⑥ $7\frac{1}{7}$
⑦ $3\frac{1}{8}$
⑧ $2\frac{2}{8}$
⑨ $1\frac{1}{9}$
⑩ $3\frac{3}{10}$
⑪ $1\frac{3}{10}$
⑫ $2\frac{7}{11}$

47쪽

⑬ $1\frac{4}{12}$
⑭ $3\frac{2}{13}$
⑮ $3\frac{2}{13}$
⑯ $2\frac{4}{14}$
⑰ $2\frac{7}{15}$
⑱ $1\frac{2}{16}$
⑲ $1\frac{9}{17}$
⑳ $8\frac{4}{17}$
㉑ $2\frac{2}{18}$
㉒ $1\frac{4}{19}$
㉓ $2\frac{7}{19}$
㉔ $2\frac{6}{20}$
㉕ $1\frac{5}{21}$
㉖ $2\frac{1}{21}$
㉗ $1\frac{13}{22}$
㉘ $5\frac{16}{23}$
㉙ $5\frac{9}{23}$
㉚ $2\frac{9}{25}$
㉛ $1\frac{8}{26}$
㉜ $1\frac{5}{27}$
㉝ $3\frac{17}{27}$

48쪽

㉞ $1\frac{1}{5}$
㉟ $1\frac{2}{6}$
㊱ $2\frac{3}{6}$
㊲ $2\frac{1}{7}$
㊳ $3\frac{1}{7}$
㊴ $4\frac{2}{8}$
㊵ $1\frac{3}{9}$
㊶ $1\frac{2}{9}$
㊷ $2\frac{2}{10}$
㊸ $1\frac{4}{10}$
㊹ $1\frac{2}{11}$
㊺ $6\frac{5}{11}$
㊻ $1\frac{3}{12}$
㊼ $2\frac{5}{13}$
㊽ $3\frac{5}{13}$
㊾ $3\frac{7}{14}$
㊿ $1\frac{1}{15}$
(51) $2\frac{7}{16}$
(52) $1\frac{3}{17}$
(53) $2\frac{6}{18}$
(54) $3\frac{2}{19}$

49쪽

(55) $6\frac{9}{19}$
(56) $4\frac{9}{20}$
(57) $2\frac{5}{21}$
(58) $1\frac{9}{22}$
(59) $5\frac{16}{23}$
(60) $1\frac{3}{25}$
(61) $2\frac{4}{26}$
(62) $3\frac{17}{29}$
(63) $1\frac{11}{30}$
(64) $1\frac{4}{31}$
(65) $5\frac{14}{31}$
(66) $2\frac{26}{34}$
(67) $2\frac{4}{35}$
(68) $2\frac{15}{37}$
(69) $1\frac{8}{39}$
(70) $2\frac{2}{40}$
(71) $4\frac{14}{41}$
(72) $7\frac{32}{43}$
(73) $2\frac{9}{46}$
(74) $2\frac{3}{49}$
(75) $3\frac{15}{50}$

11 계산 Plus + 받아내림이 없는 (분수) − (분수)

50쪽 ❗ 계산 결과를 대분수로 나타내지 않아도 정답으로 인정합니다.

① $\dfrac{2}{7}$ ⑤ $5\dfrac{1}{4}$

② $\dfrac{4}{9}$ ⑥ $2\dfrac{2}{8}$

③ $\dfrac{6}{12}$ ⑦ $3\dfrac{2}{10}$

④ $\dfrac{5}{17}$ ⑧ $3\dfrac{9}{13}$

51쪽

⑨ $\dfrac{1}{5}$ ⑫ $1\dfrac{4}{6}$

⑩ $\dfrac{5}{8}$ ⑬ $5\dfrac{2}{9}$

⑪ $\dfrac{2}{15}$ ⑭ $1\dfrac{8}{16}$

52쪽

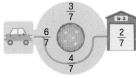

$\dfrac{3}{7}$ / $\dfrac{6}{7}$ / $\dfrac{4}{7}$ / $\dfrac{2}{7}$

식 $\dfrac{6}{7} - \dfrac{4}{7} = \dfrac{2}{7}$

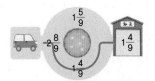

$1\dfrac{5}{9}$ / $2\dfrac{8}{9}$ / $1\dfrac{4}{9}$ / $1\dfrac{4}{9}$

식 $2\dfrac{8}{9} - 1\dfrac{4}{9} = 1\dfrac{4}{9}$

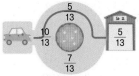

$\dfrac{5}{13}$ / $\dfrac{10}{13}$ / $\dfrac{7}{13}$ / $\dfrac{5}{13}$

식 $\dfrac{10}{13} - \dfrac{5}{13} = \dfrac{5}{13}$

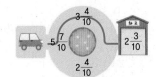

$3\dfrac{4}{10}$ / $5\dfrac{7}{10}$ / $2\dfrac{4}{10}$ / $2\dfrac{3}{10}$

식 $5\dfrac{7}{10} - 3\dfrac{4}{10} = 2\dfrac{3}{10}$

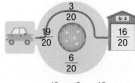

$\dfrac{3}{20}$ / $\dfrac{19}{20}$ / $\dfrac{6}{20}$ / $\dfrac{16}{20}$

식 $\dfrac{19}{20} - \dfrac{3}{20} = \dfrac{16}{20}$

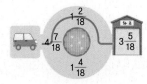

$1\dfrac{2}{18}$ / $4\dfrac{7}{18}$ / $1\dfrac{4}{18}$ / $3\dfrac{5}{18}$

식 $4\dfrac{7}{18} - 1\dfrac{2}{18} = 3\dfrac{5}{18}$

53쪽

꿀 $\dfrac{7}{9}$ $-\dfrac{4}{9}$ $\dfrac{3}{9}$

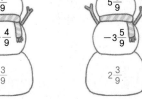

산 $5\dfrac{8}{9}$ $-3\dfrac{5}{9}$ $2\dfrac{3}{9}$

티 $\dfrac{4}{9}$ $-\dfrac{3}{9}$ $\dfrac{1}{9}$

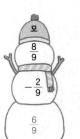

모 $\dfrac{8}{9}$ $-\dfrac{2}{9}$ $\dfrac{6}{9}$

태 $2\dfrac{6}{9}$ $-1\dfrac{1}{9}$ $1\dfrac{5}{9}$

아 $8\dfrac{5}{9}$ $-7\dfrac{3}{9}$ $1\dfrac{2}{9}$

$\dfrac{1}{9}$	$\dfrac{3}{9}$	$\dfrac{6}{9}$	$1\dfrac{2}{9}$	$1\dfrac{5}{9}$	$2\dfrac{3}{9}$
티	꿀	모	아	태	산

12 ㅣ-(진분수)

54쪽

❶ $\frac{1}{3}$

❷ $\frac{2}{4}$

❸ $\frac{4}{5}$

❹ $\frac{1}{6}$

❺ $\frac{3}{7}$

❻ $\frac{7}{8}$

❼ $\frac{3}{8}$

❽ $\frac{5}{9}$

❾ $\frac{2}{9}$

❿ $\frac{7}{10}$

⓫ $\frac{7}{11}$

⓬ $\frac{4}{11}$

55쪽

⓭ $\frac{2}{12}$

⓮ $\frac{12}{13}$

⓯ $\frac{5}{13}$

⓰ $\frac{8}{14}$

⓱ $\frac{4}{15}$

⓲ $\frac{11}{16}$

⓳ $\frac{9}{17}$

⓴ $\frac{2}{17}$

㉑ $\frac{11}{18}$

㉒ $\frac{7}{19}$

㉓ $\frac{18}{20}$

㉔ $\frac{3}{20}$

㉕ $\frac{12}{21}$

㉖ $\frac{7}{21}$

㉗ $\frac{5}{22}$

㉘ $\frac{15}{23}$

㉙ $\frac{3}{25}$

㉚ $\frac{7}{26}$

㉛ $\frac{23}{27}$

㉜ $\frac{10}{28}$

㉝ $\frac{7}{30}$

56쪽

㉞ $\frac{2}{5}$

㉟ $\frac{5}{6}$

㊱ $\frac{2}{6}$

㊲ $\frac{5}{7}$

㊳ $\frac{1}{7}$

㊴ $\frac{5}{8}$

㊵ $\frac{4}{8}$

㊶ $\frac{7}{9}$

㊷ $\frac{4}{9}$

㊸ $\frac{6}{10}$

㊹ $\frac{1}{10}$

㊺ $\frac{5}{11}$

㊻ $\frac{2}{11}$

㊼ $\frac{9}{12}$

㊽ $\frac{7}{13}$

㊾ $\frac{11}{14}$

㊿ $\frac{6}{14}$

51 $\frac{3}{15}$

52 $\frac{9}{16}$

53 $\frac{16}{17}$

54 $\frac{3}{17}$

57쪽

55 $\frac{9}{18}$

56 $\frac{3}{19}$

57 $\frac{15}{20}$

58 $\frac{9}{21}$

59 $\frac{17}{23}$

60 $\frac{11}{25}$

61 $\frac{19}{27}$

62 $\frac{17}{28}$

63 $\frac{16}{30}$

64 $\frac{7}{31}$

65 $\frac{25}{32}$

66 $\frac{19}{33}$

67 $\frac{15}{35}$

68 $\frac{17}{36}$

69 $\frac{35}{39}$

70 $\frac{7}{40}$

71 $\frac{25}{42}$

72 $\frac{22}{43}$

73 $\frac{8}{45}$

74 $\frac{31}{46}$

75 $\frac{19}{48}$

13 (자연수) − (진분수)

58쪽 ❗ 계산 결과를 대분수로 나타내지 않아도 정답으로 인정합니다.

❶ $1\frac{2}{3}$

❷ $4\frac{1}{4}$

❸ $2\frac{3}{5}$

❹ $2\frac{3}{6}$

❺ $3\frac{5}{7}$

❻ $6\frac{2}{7}$

❼ $1\frac{5}{8}$

❽ $4\frac{1}{8}$

❾ $1\frac{2}{9}$

❿ $2\frac{1}{9}$

⓫ $5\frac{7}{10}$

⓬ $1\frac{10}{11}$

59쪽

⓭ $3\frac{6}{11}$

⓮ $8\frac{5}{12}$

⓯ $3\frac{11}{13}$

⓰ $4\frac{4}{13}$

⓱ $2\frac{9}{14}$

⓲ $6\frac{7}{14}$

⓳ $2\frac{11}{15}$

⓴ $5\frac{3}{16}$

㉑ $4\frac{14}{17}$

㉒ $1\frac{17}{18}$

㉓ $3\frac{5}{19}$

㉔ $7\frac{4}{19}$

㉕ $2\frac{9}{20}$

㉖ $5\frac{15}{21}$

㉗ $6\frac{17}{22}$

㉘ $1\frac{3}{23}$

㉙ $8\frac{13}{25}$

㉚ $2\frac{9}{26}$

㉛ $3\frac{18}{27}$

㉜ $7\frac{13}{28}$

㉝ $4\frac{6}{29}$

60쪽

㉞ $1\frac{4}{5}$

㉟ $2\frac{1}{5}$

㊱ $4\frac{1}{6}$

㊲ $1\frac{6}{7}$

㊳ $8\frac{4}{7}$

㊴ $2\frac{7}{8}$

㊵ $3\frac{6}{8}$

㊶ $1\frac{7}{9}$

㊷ $4\frac{3}{9}$

㊸ $3\frac{5}{10}$

㊹ $7\frac{3}{10}$

㊺ $2\frac{9}{11}$

㊻ $5\frac{2}{11}$

㊼ $1\frac{7}{12}$

㊽ $8\frac{1}{12}$

㊾ $6\frac{10}{13}$

㊿ $1\frac{5}{14}$

51 $3\frac{1}{15}$

52 $1\frac{13}{16}$

53 $4\frac{9}{16}$

54 $3\frac{9}{17}$

61쪽

55 $5\frac{2}{17}$

56 $2\frac{13}{18}$

57 $7\frac{15}{19}$

58 $1\frac{3}{20}$

59 $3\frac{19}{21}$

60 $1\frac{13}{23}$

61 $4\frac{19}{25}$

62 $1\frac{5}{26}$

63 $8\frac{8}{27}$

64 $2\frac{21}{29}$

65 $1\frac{27}{30}$

66 $5\frac{16}{31}$

67 $3\frac{6}{33}$

68 $7\frac{4}{35}$

69 $4\frac{29}{38}$

70 $2\frac{6}{39}$

71 $1\frac{27}{41}$

72 $6\frac{3}{43}$

73 $1\frac{15}{44}$

74 $3\frac{7}{47}$

75 $5\frac{17}{50}$

14 (자연수) - (대분수)

62쪽

❗ 계산 결과를 대분수로 나타내지 않아도 정답으로 인정합니다.

① $\frac{1}{3}$
② $2\frac{3}{4}$
③ $2\frac{2}{5}$
④ $2\frac{1}{6}$
⑤ $2\frac{6}{7}$
⑥ $3\frac{2}{7}$
⑦ $1\frac{5}{8}$
⑧ $3\frac{2}{9}$
⑨ $4\frac{5}{9}$
⑩ $\frac{1}{10}$
⑪ $2\frac{7}{10}$
⑫ $2\frac{4}{11}$

63쪽

⑬ $1\frac{4}{12}$
⑭ $5\frac{7}{12}$
⑮ $\frac{9}{13}$
⑯ $4\frac{3}{14}$
⑰ $2\frac{13}{15}$
⑱ $1\frac{9}{16}$
⑲ $2\frac{4}{17}$
⑳ $\frac{11}{18}$
㉑ $5\frac{9}{19}$
㉒ $1\frac{14}{19}$
㉓ $2\frac{7}{20}$
㉔ $1\frac{6}{21}$
㉕ $2\frac{18}{21}$
㉖ $2\frac{9}{22}$
㉗ $2\frac{1}{23}$
㉘ $3\frac{16}{23}$
㉙ $2\frac{7}{24}$
㉚ $\frac{6}{25}$
㉛ $1\frac{19}{27}$
㉜ $7\frac{3}{28}$
㉝ $1\frac{11}{29}$

64쪽

㉞ $2\frac{4}{5}$
㉟ $1\frac{3}{6}$
㊱ $2\frac{1}{7}$
㊲ $2\frac{4}{7}$
㊳ $1\frac{7}{8}$
㊴ $2\frac{3}{8}$
㊵ $\frac{1}{9}$
㊶ $1\frac{7}{9}$
㊷ $2\frac{3}{10}$
㊸ $4\frac{5}{10}$
㊹ $2\frac{2}{11}$
㊺ $3\frac{5}{11}$
㊻ $2\frac{10}{12}$
㊼ $2\frac{1}{12}$
㊽ $6\frac{9}{13}$
㊾ $1\frac{1}{13}$
㊿ $2\frac{6}{14}$
(51) $2\frac{6}{15}$
(52) $1\frac{3}{16}$
(53) $\frac{13}{17}$
(54) $3\frac{8}{18}$

65쪽

(55) $2\frac{13}{19}$
(56) $4\frac{3}{20}$
(57) $1\frac{13}{21}$
(58) $2\frac{18}{21}$
(59) $2\frac{7}{22}$
(60) $1\frac{4}{23}$
(61) $3\frac{18}{25}$
(62) $3\frac{13}{27}$
(63) $2\frac{25}{29}$
(64) $\frac{8}{31}$
(65) $1\frac{25}{33}$
(66) $2\frac{23}{34}$
(67) $2\frac{13}{35}$
(68) $4\frac{19}{36}$
(69) $\frac{4}{37}$
(70) $3\frac{23}{38}$
(71) $1\frac{17}{41}$
(72) $4\frac{10}{43}$
(73) $\frac{29}{44}$
(74) $1\frac{24}{46}$
(75) $1\frac{13}{49}$

15 계산 Plus + (자연수) − (분수)

66쪽 ❗ 계산 결과를 대분수로 나타내지 않아도 정답으로 인정합니다.

① $\dfrac{3}{7}$

② $\dfrac{1}{10}$

③ $\dfrac{8}{15}$

④ $5\dfrac{3}{4}$

⑤ $8\dfrac{2}{9}$

⑥ $2\dfrac{5}{11}$

⑦ $1\dfrac{3}{5}$

⑧ $6\dfrac{6}{14}$

67쪽

⑨ $\dfrac{2}{5}$

⑩ $\dfrac{2}{8}$

⑪ $\dfrac{8}{13}$

⑫ $1\dfrac{4}{6}$

⑬ $3\dfrac{3}{12}$

⑭ $4\dfrac{7}{17}$

⑮ $5\dfrac{1}{6}$

⑯ $1\dfrac{4}{8}$

⑰ $\dfrac{7}{11}$

⑱ $4\dfrac{2}{15}$

68쪽

69쪽

16 진분수 부분끼리 뺄 수 없고 분모가 같은 (대분수) − (대분수)

70쪽

! 계산 결과를 대분수로 나타내지 않아도 정답으로 인정합니다.

① $1\frac{2}{3}$
② $3\frac{3}{4}$
③ $1\frac{3}{5}$
④ $2\frac{5}{6}$
⑤ $1\frac{6}{7}$
⑥ $2\frac{3}{7}$
⑦ $3\frac{4}{8}$
⑧ $2\frac{4}{9}$
⑨ $\frac{6}{9}$
⑩ $1\frac{6}{10}$
⑪ $3\frac{7}{11}$
⑫ $3\frac{9}{11}$

71쪽

⑬ $1\frac{7}{12}$
⑭ $1\frac{6}{12}$
⑮ $2\frac{7}{13}$
⑯ $2\frac{10}{13}$
⑰ $2\frac{13}{14}$
⑱ $\frac{9}{15}$
⑲ $1\frac{13}{16}$
⑳ $1\frac{11}{17}$
㉑ $3\frac{13}{19}$
㉒ $2\frac{14}{19}$
㉓ $\frac{10}{20}$
㉔ $2\frac{13}{21}$
㉕ $1\frac{20}{22}$
㉖ $2\frac{18}{23}$
㉗ $5\frac{12}{23}$
㉘ $2\frac{21}{24}$
㉙ $1\frac{20}{25}$
㉚ $2\frac{16}{27}$
㉛ $4\frac{22}{27}$
㉜ $2\frac{24}{29}$
㉝ $3\frac{21}{30}$

72쪽

㉞ $1\frac{3}{5}$
㉟ $2\frac{3}{6}$
㊱ $2\frac{6}{7}$
㊲ $4\frac{4}{7}$
㊳ $3\frac{7}{8}$
㊴ $3\frac{6}{8}$
㊵ $1\frac{6}{9}$
㊶ $2\frac{8}{9}$
㊷ $2\frac{9}{10}$
㊸ $3\frac{9}{11}$
㊹ $5\frac{8}{11}$
㊺ $\frac{11}{12}$
㊻ $1\frac{3}{13}$
㊼ $3\frac{12}{13}$
㊽ $\frac{12}{14}$
㊾ $3\frac{12}{15}$
㊿ $2\frac{15}{16}$
(51) $1\frac{5}{17}$
(52) $6\frac{14}{17}$
(53) $2\frac{12}{18}$
(54) $1\frac{16}{19}$

73쪽

(55) $1\frac{6}{20}$
(56) $1\frac{14}{21}$
(57) $2\frac{14}{22}$
(58) $4\frac{17}{23}$
(59) $2\frac{8}{25}$
(60) $2\frac{22}{26}$
(61) $2\frac{24}{27}$
(62) $1\frac{24}{28}$
(63) $4\frac{17}{29}$
(64) $\frac{24}{31}$
(65) $4\frac{23}{33}$
(66) $2\frac{20}{34}$
(67) $\frac{30}{36}$
(68) $4\frac{32}{37}$
(69) $1\frac{33}{39}$
(70) $2\frac{34}{41}$
(71) $2\frac{16}{42}$
(72) $\frac{40}{43}$
(73) $6\frac{41}{44}$
(74) $2\frac{24}{47}$
(75) $2\frac{24}{50}$

17 분모가 같은 (대분수) − (가분수)

74쪽 ❶ 계산 결과를 대분수로 나타내지 않아도 정답으로 인정합니다.

❶ $2\frac{2}{4}$
❷ $2\frac{2}{5}$
❸ $4\frac{2}{5}$
❹ $8\frac{4}{6}$

❺ $\frac{1}{7}$
❻ $5\frac{3}{7}$
❼ $2\frac{3}{8}$
❽ $5\frac{2}{8}$

❾ $2\frac{6}{9}$
❿ $4\frac{6}{9}$
⓫ $3\frac{6}{10}$
⓬ 5

75쪽

⓭ $5\frac{5}{11}$
⓮ $2\frac{4}{12}$
⓯ $3\frac{3}{13}$
⓰ $6\frac{11}{13}$
⓱ $3\frac{11}{14}$
⓲ $2\frac{7}{15}$
⓳ $\frac{15}{16}$

⓴ $3\frac{8}{17}$
㉑ $7\frac{1}{18}$
㉒ $3\frac{10}{19}$
㉓ $1\frac{18}{20}$
㉔ $3\frac{8}{20}$
㉕ $2\frac{16}{21}$
㉖ $4\frac{3}{21}$

㉗ $\frac{2}{22}$
㉘ $5\frac{16}{23}$
㉙ $3\frac{16}{24}$
㉚ $1\frac{20}{25}$
㉛ $3\frac{10}{26}$
㉜ $5\frac{7}{28}$
㉝ $\frac{4}{29}$

76쪽

㉞ $1\frac{2}{5}$
㉟ $3\frac{2}{6}$
㊱ $1\frac{4}{7}$
㊲ $2\frac{4}{7}$
㊳ $2\frac{4}{8}$
㊴ $8\frac{3}{8}$
㊵ $1\frac{5}{9}$

㊶ $\frac{5}{9}$
㊷ $7\frac{2}{9}$
㊸ $1\frac{4}{10}$
㊹ $2\frac{3}{10}$
㊺ $3\frac{4}{11}$
㊻ $2\frac{4}{11}$
㊼ $2\frac{4}{12}$

㊽ $1\frac{7}{13}$
㊾ $1\frac{11}{13}$
㊿ $3\frac{8}{14}$
51 $1\frac{6}{15}$
52 $1\frac{8}{15}$
53 $\frac{2}{16}$
54 $1\frac{8}{17}$

77쪽

55 $2\frac{10}{17}$
56 $1\frac{9}{18}$
57 $1\frac{5}{19}$
58 $\frac{4}{20}$
59 $2\frac{16}{21}$
60 $1\frac{10}{22}$
61 $1\frac{8}{23}$

62 $1\frac{12}{25}$
63 $1\frac{8}{26}$
64 $2\frac{5}{27}$
65 $1\frac{2}{28}$
66 $1\frac{5}{29}$
67 $1\frac{22}{30}$
68 $\frac{3}{31}$

69 $1\frac{25}{32}$
70 $1\frac{7}{33}$
71 $1\frac{8}{35}$
72 $1\frac{3}{36}$
73 $\frac{2}{37}$
74 $1\frac{6}{39}$
75 $\frac{23}{40}$

18 어떤 수 구하기

78쪽 ❶ 계산 결과를 대분수로 나타내지 않아도 정답으로 인정합니다.　　79쪽

❶ $\dfrac{1}{5}$, $\dfrac{1}{5}$

❷ $2\dfrac{5}{9}$, $2\dfrac{5}{9}$

❸ $4\dfrac{3}{10}$, $4\dfrac{3}{10}$

❹ $4\dfrac{6}{8}$, $4\dfrac{6}{8}$

❺ $\dfrac{4}{15}$, $\dfrac{4}{15}$

❻ $4\dfrac{7}{19}$, $4\dfrac{7}{19}$

❼ $\dfrac{6}{9}$, $\dfrac{6}{9}$

❽ $3\dfrac{1}{7}$, $3\dfrac{1}{7}$

❾ $3\dfrac{3}{4}$, $3\dfrac{3}{4}$

❿ $\dfrac{7}{8}$, $\dfrac{7}{8}$

⓫ $1\dfrac{4}{13}$, $1\dfrac{4}{13}$

⓬ $6\dfrac{4}{10}$, $6\dfrac{4}{10}$

⓭ $8\dfrac{4}{6}$, $8\dfrac{4}{6}$

⓮ $8\dfrac{1}{3}$, $8\dfrac{1}{3}$

80쪽　　81쪽

⓯ $\dfrac{2}{10}$

⓰ $2\dfrac{3}{7}$

⓱ $\dfrac{7}{15}$

⓲ $3\dfrac{1}{5}$

⓳ $6\dfrac{5}{12}$

⓴ $3\dfrac{7}{9}$

㉑ $\dfrac{3}{8}$

㉒ $1\dfrac{6}{14}$

㉓ $4\dfrac{11}{18}$

㉔ $1\dfrac{1}{3}$

㉕ $\dfrac{9}{13}$

㉖ $4\dfrac{2}{7}$

㉗ $\dfrac{7}{19}$

㉘ $3\dfrac{6}{9}$

㉙ $\dfrac{11}{17}$

㉚ $4\dfrac{4}{6}$

㉛ $\dfrac{5}{7}$

㉜ $3\dfrac{3}{5}$

㉝ $\dfrac{11}{12}$

㉞ $1\dfrac{2}{8}$

㉟ $4\dfrac{8}{13}$

㊱ 9

㊲ $7\dfrac{1}{10}$

㊳ $6\dfrac{3}{4}$

19 계산 Plus+ 분모가 같은 (대분수) − (대분수), (대분수) − (가분수)

82쪽 ❶ 계산 결과를 대분수로 나타내지 않아도 정답으로 인정합니다.　　83쪽

❶ $1\dfrac{3}{5}$

❷ $3\dfrac{7}{8}$

❸ $4\dfrac{6}{11}$

❹ $2\dfrac{6}{17}$

❺ $3\dfrac{1}{3}$

❻ $1\dfrac{3}{6}$

❼ $2\dfrac{6}{10}$

❽ $2\dfrac{5}{12}$

❾ $2\dfrac{2}{4}$

❿ $1\dfrac{6}{9}$

⓫ $3\dfrac{13}{15}$

⓬ $1\dfrac{2}{5}$

⓭ $2\dfrac{5}{7}$

⓮ $2\dfrac{3}{13}$

2 분수의 뺄셈

84쪽

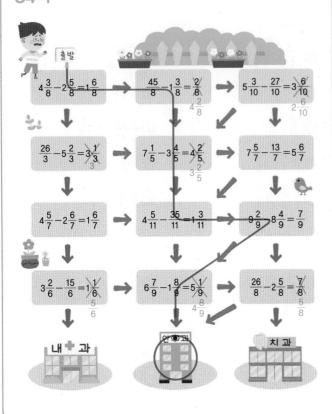

85쪽

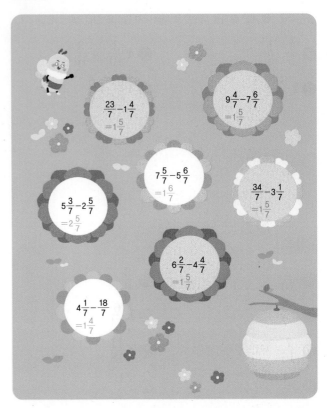

20 분수의 뺄셈 평가

86쪽 ❗ 계산 결과를 대분수로 나타내지 않아도 정답으로 인정합니다. 87쪽

① $\dfrac{4}{8}$

⑥ $\dfrac{3}{5}$

② $\dfrac{5}{15}$

⑦ $\dfrac{5}{14}$

③ $2\dfrac{4}{6}$

⑧ $2\dfrac{1}{6}$

④ $6\dfrac{4}{10}$

⑨ $7\dfrac{5}{13}$

⑤ $2\dfrac{6}{19}$

⑩ $2\dfrac{1}{4}$

⑪ $4\dfrac{5}{11}$

⑰ $\dfrac{8}{10}$

⑫ $1\dfrac{3}{5}$

⑱ $3\dfrac{2}{9}$

⑬ $1\dfrac{5}{9}$

⑲ $3\dfrac{2}{7}$

⑭ $5\dfrac{14}{16}$

⑳ $4\dfrac{5}{11}$

⑮ $1\dfrac{2}{3}$

⑯ $4\dfrac{2}{12}$

3 소수

21 소수 두 자리 수, 소수 세 자리 수

90쪽

① 0.03, 영 점 영삼

② 0.09, 영 점 영구

③ 0.007, 영 점 영영칠

④ 0.019, 영 점 영일구

91쪽

⑤ 0.26, 영 점 이육

⑥ 0.52, 영 점 오이

⑦ 0.75, 영 점 칠오

⑧ 1.85, 일 점 팔오

⑨ 4.94, 사 점 구사

⑩ 0.078, 영 점 영칠팔

⑪ 0.146, 영 점 일사육

⑫ 0.749, 영 점 칠사구

⑬ 2.362, 이 점 삼육이

⑭ 6.753, 육 점 칠오삼

92쪽

⑮ 0.05

⑯ 0.13

⑰ 0.34

⑱ 0.62

⑲ 2.17

⑳ 5.29

㉑ 0.008

㉒ 0.027

㉓ 0.091

㉔ 0.382

㉕ 4.675

㉖ 7.513

93쪽

㉗ 소수 둘째, 0.06

㉘ 소수 첫째, 0.9

㉙ 소수 둘째, 0.07

㉚ 일의, 8

㉛ 소수 둘째, 0.05

㉜ 소수 첫째, 0.7

㉝ 소수 셋째, 0.008

㉞ 소수 둘째, 0.07

㉟ 일의, 6

㊱ 소수 첫째, 0.8

㊲ 소수 첫째, 0.3

㊳ 소수 셋째, 0.002

22 소수 사이의 관계

94쪽

① 0.06, 600

② 0.005, 50

③ 0.073, 730

95쪽

④ 0.004, 0.04

⑤ 0.052, 5.2, 520

⑥ 0.015, 0.15, 150

⑦ 0.036, 0.36, 3.6, 360

⑧ 0.289, 28.9, 289, 2890

96쪽

⑨ 0.02, 0.2

⑩ 0.28, 2.8

⑪ 0.9, 9

⑫ 4.3, 43

⑬ 7.68, 76.8

⑭ 19.52, 195.2

⑮ 27, 270

⑯ 63.51, 635.1

⑰ 138.04, 1380.4

⑱ 169.5, 1695

97쪽

⑲ 0.12, 0.012

⑳ 0.35, 0.035

㉑ 1.6, 0.16

㉒ 2.05, 0.205

㉓ 3.28, 0.328

㉔ 4.3, 0.43

㉕ 7.64, 0.764

㉖ 27.8, 2.78

㉗ 50.9, 5.09

㉘ 86.7, 8.67

3 소수

23 소수의 크기 비교

98쪽

❶ < ❹ > ❼ <
❷ > ❺ > ❽ >
❸ < ❻ > ❾ >

99쪽

❿ < ⓱ > ㉔ >
⓫ < ⓲ < ㉕ <
⓬ < ⓳ > ㉖ >
⓭ > ⓴ > ㉗ >
⓮ > ㉑ > ㉘ >
⓯ < ㉒ < ㉙ <
⓰ < ㉓ < ㉚ <

100쪽

㉛ 0.82 ㊳ 9.104
㉜ 4.08 ㊴ 15.406
㉝ 6.09 ㊵ 17.928
㉞ 11.42 ㊶ 0.43
㉟ 16.84 ㊷ 7.625
㊱ 2.547 ㊸ 10.032
㊲ 5.236 ㊹ 18.5

101쪽

㊺ 0.59 ㊾ 7.154
㊻ 2.36 ㊿ 13.873
㊼ 3.92 ㊾ 19.047
㊽ 11.38 ㊾ 5.46
㊾ 14.85 ㊾ 8.7
㊾ 0.625 ㊾ 12.014
㊾ 3.246 ㊾ 14.8

24 계산 Plus+ 소수

102쪽

❶ 1.34 ❺ 4, 7
❷ 2.75 ❻ 4, 9
❸ 5.624 ❼ 7, 3
❹ 8.497 ❽ 1, 4

103쪽

❾ 3.5 ⓮ 0.05
❿ 7.42 ⓯ 0.136
⓫ 26.08 ⓰ 1.45
⓬ 463 ⓱ 0.157
⓭ 719.5 ⓲ 0.18

104쪽

출발

2.14	4.262	5.4
1.75	4.28	5.23	5.68
4.516	5.96	7.59
5.07	6.03	7.56	7.607
6.92	8.589	9.89
6.854	9.93	10.06	10.12

105쪽

6.143 스

8.725 로

0.08 타

0.314 클

0.957 산

0.001이 957개인 수 산

0.01이 8개인 수 타

영 점 삼일사 클

팔 점 칠이오 로

소수 첫째 자리 숫자가 1인 수 스

---

25 **소수 평가**

106쪽

❶ 0.56, 영 점 오육

❷ 0.294, 영 점 이구사

❸ 소수 첫째, 0.8

❹ 소수 셋째, 0.002

❺ 소수 둘째, 0.04

❻ 36.03, 360.3

❼ 72.8, 728

❽ 0.59, 0.059

❾ 1.27, 0.127

❿ 35.9, 3.59

107쪽

⑪ >

⑫ <

⑬ <

⑭ >

⑮ <

⑯ >

⑰ 0.09, 0.9, 90, 900

⑱ 0.075, 0.75, 75, 750

⑲ 0.028, 0.28, 28, 280

⑳ 0.345, 3.45, 345, 3450

4 소수의 덧셈

26 받아올림이 없는 소수 한 자리 수의 덧셈

110쪽

❶ 0.4	❹ 0.9	❼ 7.7
❷ 0.8	❺ 3.8	❽ 9.5
❸ 0.9	❻ 8.2	❾ 8.9

111쪽

❿ 0.5	⓰ 3.9	㉒ 15.9
⓫ 0.6	⓱ 5.8	㉓ 15.3
⓬ 7.8	⓲ 7.4	㉔ 18.4
⓭ 4.9	⓳ 4.6	㉕ 17.5
⓮ 1.3	⓴ 9.8	㉖ 19.6
⓯ 4.7	㉑ 9.5	㉗ 19.8

112쪽

㉘ 0.8	㉝ 0.8	㊳ 5.9
㉙ 0.4	㉞ 6.2	㊴ 7.3
㉚ 0.9	㉟ 1.9	㊵ 9.5
㉛ 4.9	㊱ 2.7	㊶ 9.8
㉜ 2.8	㊲ 4.8	㊷ 8.6

113쪽

㊸ 0.3	㊿ 3.9	㊼ 9.3
㊹ 0.7	51 7.7	58 13.8
㊺ 1.8	52 9.9	59 16.5
㊻ 3.9	53 6.8	60 15.6
㊼ 4.6	54 8.5	61 16.5
48 5.7	55 6.6	62 18.8
49 8.9	56 9.7	63 19.9

27 받아올림이 있는 소수 한 자리 수의 덧셈

114쪽

❶ 1	❹ 1.6	❼ 6.3
❷ 1.2	❺ 5.2	❽ 9.7
❸ 1.1	❻ 7.3	❾ 9.5

115쪽

❿ 1.1	⓰ 7.3	㉒ 18.5
⓫ 4.4	⓱ 5.3	㉓ 18
⓬ 6.3	⓲ 9.2	㉔ 18.4
⓭ 3.1	⓳ 8.3	㉕ 18.1
⓮ 3.4	⓴ 9.4	㉖ 19
⓯ 4	㉑ 13.6	㉗ 19.6

116쪽

㉘ 1.1
㉙ 1.3
㉚ 1.3
㉛ 7.2
㉜ 4.2
㉝ 6.2
㉞ 8
㉟ 6.4
㊱ 9.7
㊲ 9.3
㊳ 7.1
㊴ 8.6
㊵ 9.3
㊶ 9.1
㊷ 14.1

117쪽

㊸ 1.1
㊹ 1.2
㊺ 2.3
㊻ 6
㊼ 7.4
㊽ 8.6
㊾ 3
㊿ 8.2
(51) 7.2
(52) 8.4
(53) 6.3
(54) 11.5
(55) 9.2
(56) 9.1
(57) 16.3
(58) 15.6
(59) 17
(60) 17.1
(61) 19.3
(62) 20.1
(63) 21.2

28 받아올림이 없는 소수 두 자리 수의 덧셈

118쪽

❶ 0.06
❷ 0.66
❸ 0.94
❹ 5.58
❺ 8.87
❻ 5.86
❼ 7.65
❽ 6.59
❾ 6.73

119쪽

❿ 0.36
⓫ 0.77
⓬ 0.87
⓭ 1.79
⓮ 4.67
⓯ 2.98
⓰ 3.85
⓱ 5.68
⓲ 5.75
⓳ 8.58
⓴ 7.47
㉑ 7.56
㉒ 9.38
㉓ 9.96
㉔ 16.78
㉕ 15.57
㉖ 18.29
㉗ 16.97

120쪽

㉘ 0.08
㉙ 0.88
㉚ 1.95
㉛ 1.78
㉜ 5.69
㉝ 7.37
㉞ 8.87
㉟ 6.59
㊱ 5.87
㊲ 6.79
㊳ 9.87
㊴ 9.57
㊵ 7.87
㊶ 9.99
㊷ 9.46

121쪽

㊸ 0.46
㊹ 0.67
㊺ 0.97
㊻ 3.88
㊼ 8.89
㊽ 3.86
㊾ 4.78
㊿ 7.98
(51) 9.16
(52) 6.78
(53) 7.97
(54) 7.65
(55) 8.76
(56) 9.74
(57) 12.49
(58) 15.55
(59) 14.77
(60) 15.67
(61) 17.38
(62) 19.79
(63) 19.56

4 소수의 덧셈

29 받아올림이 있는 소수 두 자리 수의 덧셈

122쪽

❶ 0.83
❷ 0.84
❸ 0.75
❹ 4.18
❺ 6.17
❻ 6.06
❼ 6.42
❽ 6.21
❾ 8.13

123쪽

❿ 2.66
⓫ 0.91
⓬ 1.9
⓭ 1.81
⓮ 1.91
⓯ 3.66
⓰ 6.34
⓱ 5.77
⓲ 9.29
⓳ 8.09
⓴ 9.05
㉑ 9.28
㉒ 16.2
㉓ 14.21
㉔ 15.18
㉕ 16.23
㉖ 17.34
㉗ 19.76

124쪽

㉘ 0.41
㉙ 0.65
㉚ 0.9
㉛ 3.63
㉜ 5.72
㉝ 5.44
㉞ 4.07
㉟ 6.38
㊱ 8.49
㊲ 7.26
㊳ 9
㊴ 8.55
㊵ 9.08
㊶ 9.51
㊷ 14.22

125쪽

㊸ 0.43
㊹ 0.8
㊺ 1.91
㊻ 5.7
㊼ 6.94
㊽ 2.72
㊾ 4.92
㊿ 6.38
51 8.43
52 8.38
53 7.59
54 9.18
55 11.05
56 13.44
57 16.32
58 16.6
59 19.23
60 18.27
61 17.41
62 19.62
63 25.03

30 자릿수가 다른 소수의 덧셈

126쪽

❶ 0.87
❷ 2.38
❸ 9.23
❹ 10.09
❺ 1.84
❻ 5.38
❼ 11.22
❽ 10.15
❾ 9.26

127쪽

❿ 0.35
⓫ 2.94
⓬ 5.96
⓭ 8.47
⓮ 6.73
⓯ 9.08
⓰ 10.23
⓱ 15.12
⓲ 19.31
⓳ 5.84
⓴ 8.95
㉑ 9.53
㉒ 9.88
㉓ 7.36
㉔ 12.49
㉕ 17.25
㉖ 18.14
㉗ 19.12

128쪽

㉘ 0.93
㉙ 1.55
㉚ 3.62
㉛ 5.86
㉜ 11.34
㉝ 15.17
㉞ 16.38
㉟ 6.54
㊱ 8.69
㊲ 9.82
㊳ 11.71
㊴ 12.24
㊵ 15.07
㊶ 18.13
㊷ 19.56

129쪽

㊸ 0.52
㊹ 1.87
㊺ 1.93
㊻ 6.78
㊼ 5.64
㊽ 9.19
㊾ 8.56
㊿ 11.14
51 17.17
52 18.59
53 7.73
54 7.38
55 10.96
56 13.55
57 12.95
58 19.73
59 17.38
60 19.54
61 18.52
62 23.21
63 22.06

31 계산 Plus+ 소수의 덧셈

130쪽

❶ 7.9
❷ 11.7
❸ 16.3
❹ 7.57
❺ 9.61
❻ 17.07
❼ 8.32
❽ 11.24

131쪽

❾ 3.5
❿ 7.6
⓫ 13.3
⓬ 12.8
⓭ 5.67
⓮ 7.85
⓯ 7.17
⓰ 16.45
⓱ 3.84
⓲ 11.56
⓳ 11.89
⓴ 16.22

4 소수의 덧셈

132쪽

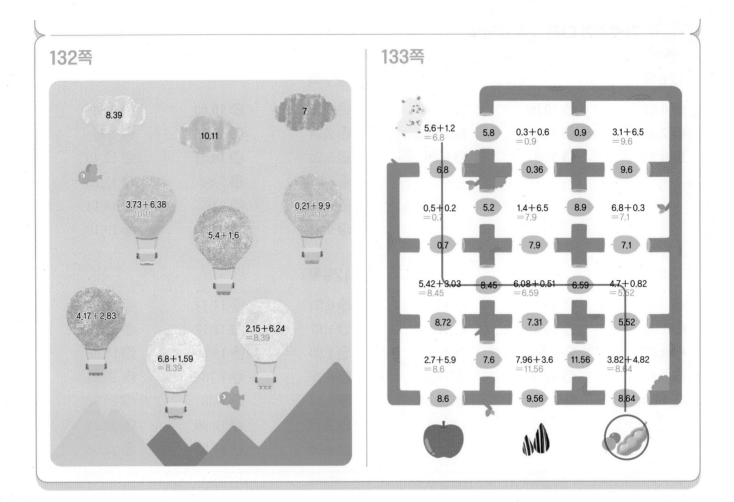

132쪽

8.39

7

10.11

3.73+6.38
=10.11

0.21+9.9
=10.11

5.4+1.6
=7

4.17+2.83
=7

2.15+6.24
=8.39

6.8+1.59
=8.39

133쪽

5.6+1.2
=6.8

5.8

0.3+0.6
=0.9

0.9

3.1+6.5
=9.6

6.8

0.36

9.6

0.5+0.2
=0.7

5.2

1.4+6.5
=7.9

8.9

6.8+0.3
=7.1

0.7

7.9

7.1

5.42+3.03
=8.45

8.45

6.08+0.51
=6.59

6.59

4.7+0.82
=5.52

8.72

7.31

5.52

2.7+5.9
=8.6

7.6

7.96+3.6
=11.56

11.56

3.82+4.82
=8.64

8.6

9.56

8.64

---

32 소수의 덧셈 평가

134쪽

❶ 8.7
❷ 9.4
❸ 16.4
❹ 5.59

❺ 5.96
❻ 9
❼ 6.96
❽ 13.55

135쪽

❾ 2.7
❿ 13.3
⓫ 5.77
⓬ 12.11
⓭ 14.43
⓮ 12.03
⓯ 12.72

⓰ 2.7
⓱ 8.6
⓲ 7.48
⓳ 11.25
⓴ 10.23

5 소수의 뺄셈

33 받아내림이 없는 소수 한 자리 수의 뺄셈

138쪽

❶ 0.2	❹ 1.4	❼ 2.5
❷ 0.2	❺ 0.4	❽ 4.7
❸ 0.4	❻ 1.3	❾ 4.6

139쪽

❿ 0.3	⓰ 1.2	⓶ 4.3
⓫ 0.2	⓱ 2.1	⓷ 7.1
⓬ 0.4	⓲ 0.2	⓸ 10.3
⓭ 1.3	⓳ 5.2	⓹ 11.1
⓮ 0.2	⓴ 3.5	⓺ 15.2
⓯ 1	㉑ 3.6	㉗ 15.1

140쪽

㉘ 0.2	㉝ 2.5	㊳ 5.1
㉙ 0.2	㉞ 2.2	㊴ 8.7
㉚ 1.3	㉟ 2.4	㊵ 7
㉛ 1.1	㊱ 5.3	㊶ 7.2
㉜ 0	㊲ 3.3	㊷ 8.4

141쪽

㊸ 0.1	㊿ 3.2	㋘ 10.2
㊹ 0.2	51 2.5	58 12.3
㊺ 1.1	52 6.2	59 12.4
㊻ 0	53 3.1	60 14.3
㊼ 1.1	54 4.2	61 12
㊽ 1.2	55 5.5	62 15.5
㊾ 1	56 7.5	63 19.2

34 받아내림이 있는 소수 한 자리 수의 뺄셈

142쪽

❶ 0.9	❹ 2.5	❼ 2.8
❷ 1.6	❺ 1.6	❽ 5.4
❸ 1.7	❻ 1.9	❾ 7.7

143쪽

❿ 0.6	⓰ 0.7	⓶ 5.9
⓫ 0.7	⓱ 5.9	⓷ 8.6
⓬ 0.5	⓲ 4.8	⓸ 11.8
⓭ 3.5	⓳ 4.7	⓹ 14.7
⓮ 1.6	⓴ 8.3	⓺ 16.3
⓯ 2.9	㉑ 7.9	㉗ 15.7

144쪽

㉘ 0.8	㉝ 4.9	㊳ 2.8
㉙ 0.7	㉞ 2.5	㊴ 7.7
㉚ 0.9	㉟ 3.7	㊵ 3.5
㉛ 2.5	㊱ 5.8	㊶ 6.7
㉜ 1.7	㊲ 3.9	㊷ 4.9

145쪽

㊸ 0.6	㊿ 2.9	57 9.5
㊹ 1.6	51 2.8	58 9.9
㊺ 0.8	52 6.7	59 10.6
㊻ 2.9	53 5.8	60 12.6
㊼ 2.8	54 7.8	61 15.5
㊽ 4.5	55 6.2	62 14.8
㊾ 4.4	56 4.9	63 18.6

35 받아내림이 없는 소수 두 자리 수의 뺄셈

146쪽

❶ 0.02	❹ 1.21	❼ 3.32
❷ 0.32	❺ 4.76	❽ 4.55
❸ 1.52	❻ 5.01	❾ 7.44

147쪽

❿ 0.06	⑯ 3.56	㉒ 11.01
⑪ 0.33	⑰ 5.32	㉓ 12.82
⑫ 2.32	⑱ 5.63	㉔ 15.2
⑬ 2.35	⑲ 2.45	㉕ 14.71
⑭ 2.74	⑳ 8.23	㉖ 17.02
⑮ 4.22	㉑ 8.14	㉗ 16.36

148쪽

㉘ 0.06	㉝ 1.02	㊳ 3.72
㉙ 0.43	㉞ 3.21	㊴ 5.21
㉚ 0.68	㉟ 1.14	㊵ 6.3
㉛ 2.04	㊱ 4.23	㊶ 9.22
㉜ 2.42	㊲ 4.75	㊷ 3.66

149쪽

㊸ 1.12	㊿ 2.7	57 10.02
㊹ 2.44	51 5.33	58 10.13
㊺ 2.11	52 7.32	59 12.43
㊻ 3.52	53 5.45	60 11.36
㊼ 1.25	54 8.25	61 13.35
㊽ 4.41	55 7.02	62 17.31
㊾ 4.14	56 7.71	63 17.34

36 받아내림이 있는 소수 두 자리 수의 뺄셈

150쪽

❶ 1.14　❹ 1.65　❼ 3.77
❷ 1.28　❺ 1.84　❽ 6.86
❸ 1.45　❻ 5.42　❾ 4.39

151쪽

⑩ 0.17　⑯ 2.91　㉒ 7.29
⑪ 1.37　⑰ 2.71　㉓ 12.85
⑫ 2.18　⑱ 7.74　㉔ 11.82
⑬ 2.56　⑲ 6.53　㉕ 15.46
⑭ 4.17　⑳ 6.65　㉖ 15.58
⑮ 3.28　㉑ 4.8　㉗ 14.25

152쪽

㉘ 0.27　㉝ 2.73　㊳ 4.38
㉙ 0.35　㉞ 1.55　㊴ 6.56
㉚ 1.18　㉟ 4.51　㊵ 3.55
㉛ 2.36　㊱ 1.56　㊶ 6.87
㉜ 2.24　㊲ 5.6　㊷ 5.79

153쪽

㊸ 1.03　㊿ 5.33　㊼ 5.55
㊹ 1.25　51 2.46　58 9.46
㊺ 3.59　52 6.64　59 11.46
㊻ 0.17　53 3.84　60 10.68
㊼ 1.25　54 6.42　61 15.79
㊽ 3.29　55 7.74　62 16.45
㊾ 3.08　56 7.9　63 16.88

37 자릿수가 다른 소수의 뺄셈

154쪽

❶ 1.45　❹ 2.62　❼ 4.22
❷ 1.64　❺ 1.47　❽ 3.43
❸ 4.86　❻ 2.35　❾ 5.19

155쪽

⑩ 1.53　⑯ 10.86　㉒ 5.03
⑪ 3.35　⑰ 16.88　㉓ 5.57
⑫ 2.21　⑱ 15.62　㉔ 7.95
⑬ 2.44　⑲ 1.58　㉕ 9.81
⑭ 2.47　⑳ 2.36　㉖ 9.72
⑮ 5.76　㉑ 2.24　㉗ 14.66

156쪽

㉘ 1.22
㉙ 2.53
㉚ 2.15
㉛ 4.61
㉜ 0.74

㉝ 2.57
㉞ 4.49
㉟ 2.15
㊱ 2.34
㊲ 1.16

㊳ 5.43
㊴ 2.81
㊵ 4.68
㊶ 6.95
㊷ 4.72

157쪽

㊸ 1.16
㊹ 2.34
㊺ 2.47
㊻ 4.15
㊼ 4.13
㊽ 5.32
㊾ 7.78

㊿ 7.59
51 13.71
52 14.63
53 1.34
54 3.57
55 1.35
56 1.26

57 5.17
58 4.04
59 7.58
60 4.91
61 9.33
62 11.47
63 16.65

38 어떤 수 구하기

158쪽

❶ 1.5, 1.5
❷ 2.1, 2.1

❸ 2.4, 2.4
❹ 4.2, 4.2

159쪽

❺ 2.13, 2.13
❻ 1.18, 1.18
❼ 5.66, 5.66
❽ 4.43, 4.43
❾ 7.76, 7.76

❿ 1.95, 1.95
⓫ 5.72, 5.72
⓬ 11.34, 11.34
⓭ 9.34, 9.34
⓮ 14.04, 14.04

160쪽

⓯ 1.2
⓰ 0.8
⓱ 3.52
⓲ 5.39
⓳ 5.12
⓴ 5.47

㉑ 1.3
㉒ 0.8
㉓ 3.82
㉔ 2.51
㉕ 8.98
㉖ 10.11

161쪽

㉗ 1.1
㉘ 2.9
㉙ 4.54
㉚ 6.49
㉛ 4.18
㉜ 1.36

㉝ 1.9
㉞ 5.3
㉟ 4.85
㊱ 6.27
㊲ 12.15
㊳ 14.49

162쪽

❶ 1.4 ❺ 4.47

❷ 3.6 ❻ 6.38

❸ 5.6 ❼ 2.32

❹ 2.03 ❽ 3.95

163쪽

❾ 4.5 ⓭ 4.51

❿ 2.4 ⓮ 5.77

⓫ 5.8 ⓯ 5.97

⓬ 2.41 ⓰ 11.53

164쪽

165쪽

40 소수의 뺄셈 평가

166쪽

❶ 2.3

❷ 5.4

❸ 4.5

❹ 2.31

❺ 6.57

❻ 6.29

❼ 5.36

❽ 2.95

167쪽

❾ 2.6

❿ 3.7

⓫ 6.53

⓬ 7.45

⓭ 6.18

⓮ 4.92

⓯ 6.78

⓰ 1.6

⓱ 3.07

⓲ 4.18

⓳ 4.42

⓴ 6.63

170쪽 ❗ 계산 결과를 대분수로 나타내지 않아도 정답으로 인정합니다.

❶ $\dfrac{3}{5}$

❷ $1\dfrac{2}{9}$

❸ $1\dfrac{8}{11}$

❹ $3\dfrac{8}{14}$

❺ $5\dfrac{3}{16}$

❻ $5\dfrac{15}{20}$

❼ $\dfrac{2}{6}$

❽ $1\dfrac{2}{7}$

❾ $\dfrac{7}{9}$

❿ $2\dfrac{5}{14}$

⓫ $2\dfrac{14}{16}$

⓬ $7\dfrac{6}{19}$

171쪽

⓭ 0.85 / 영 점 팔오

⓮ 1.214 / 일 점 이일사

⓯ >

⓰ >

⓱ 0.7

⓲ 1.7

⓳ 7.85

⓴ 9.48

㉑ 2.6

㉒ 7.2

㉓ 5.16

㉔ 11.13

㉕ 10.24

172쪽 ❗ 계산 결과를 대분수로 나타내지 않아도 정답으로 인정합니다.

❶ $\dfrac{5}{6}$

❷ $1\dfrac{2}{7}$

❸ $3\dfrac{6}{8}$

❹ $7\dfrac{5}{12}$

❺ $9\dfrac{6}{13}$

❻ $11\dfrac{9}{19}$

❼ $\dfrac{5}{8}$

❽ $1\dfrac{1}{9}$

❾ $3\dfrac{4}{11}$

❿ $3\dfrac{7}{15}$

⓫ $1\dfrac{11}{17}$

⓬ $7\dfrac{11}{20}$

173쪽

⓭ 소수 둘째, 0.06

⓮ 소수 첫째, 0.4

⓯ <

⓰ >

⓱ 4.2

⓲ 5.2

⓳ 6.51

⓴ 8.54

㉑ 17.41

㉒ 2.4

㉓ 2.5

㉔ 8.29

㉕ 10.35

174쪽 ❶ 계산 결과를 대분수로 나타내지 않아도 정답으로 인정합니다.

175쪽

❶ $\dfrac{7}{8}$

❼ $\dfrac{3}{10}$

❷ $1\dfrac{6}{9}$

❽ $2\dfrac{4}{12}$

❸ $5\dfrac{11}{12}$

❾ $1\dfrac{3}{13}$

❹ $6\dfrac{12}{15}$

❿ $4\dfrac{9}{16}$

❺ $9\dfrac{15}{16}$

⓫ $6\dfrac{1}{18}$

❻ $10\dfrac{11}{18}$

⓬ $\dfrac{15}{19}$

⓭ 3.12

⓮ 0.082

⓯ 15.92, 159.2

⓰ 0.64, 0.064

⓱ 10.45

⓲ 12.53

⓳ 9.57

⓴ 8.21

㉑ 2.33

㉒ 6.47

㉓ 8.38

㉔ 14.47

㉕ 21.42

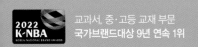

완자·공부력·시리즈 매일 4쪽으로 스스로 공부하는 힘을 기릅니다.

대표전화 1544-0554
주소 서울특별시 구로구 디지털로33길 48 대륭포스트타워 7차 20층
협의 없는 무단 복제는 법으로 금지되어 있습니다.